浙江省公众气象灾害防御准备指南

主编：苗长明　副主编：石蓉蓉　骆月珍

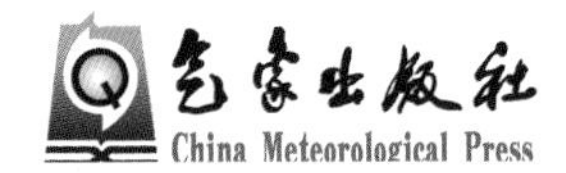

内 容 简 介

这既是一本公众气象灾害防御自救知识的科普读物，更是气象灾害应急自救手册。本书总结了最新的气象灾害研究成果，介绍了人们应对气象及其次生灾害的基本准备、分灾种应对的措施，并强调了防御气象及其次生灾害要注重不同阶段——灾前、灾中、灾后三个阶段的应对和防范。

本书图文并茂、语言生动通俗，适合公众阅读和收藏，更是学校、社区（村）、有关企事业单位等进行防灾减灾教育以及对气象协理员、气象信息员、气象志愿者进行培训的实用手册。

图书在版编目（CIP）数据

浙江省公众气象灾害防御准备指南 / 苗长明主编
. — 北京 : 气象出版社 , 2018.2（2018.5 重印）
ISBN 978-7-5029-6725-3

Ⅰ . ①浙…　Ⅱ . ①苗…　Ⅲ . ①气象灾害－灾害防治－浙江－指南　Ⅳ . ① P429-62

中国版本图书馆 CIP 数据核字（2018）第 011086 号

Zhejiang Sheng Gongzhong Qixiang Zaihai Fangyu Zhunbei Zhinan
浙江省公众气象灾害防御准备指南
主编：苗长明　副主编：石蓉蓉　骆月珍

出版发行：气象出版社
地　　址：北京市海淀区中关村南大街 46 号　　邮政编码：100081
电　　话：010-68407112（总编室）　010-68408042（发行部）
网　　址：http：//www.qxcbs.com　　**E-mail**：qxcbs@cma.gov.cn
责任编辑：杨泽彬　　终　　审：吴晓鹏
责任校对：王丽梅　　责任技编：赵相宁
封面设计：八　度
印　　刷：北京中科印刷有限公司
开　　本：889mm × 1194mm　1/32　　印　　张：5.5
字　　数：150 千字
版　　次：2018 年 2 月第 1 版　　印　　次：2018 年 5 月第 2 次印刷
定　　价：38.00 元

《浙江省公众气象灾害防御准备指南》

编 委 会

主　　编：苗长明

副 主 编：石蓉蓉　骆月珍

编写人员：严洌娜　李　颖　吴　杨　任　律　顾　媛

梁晓妮　尤佳红　金丝燕　徐亚芬　陈　梅

插　　图：陈锦慧

前言

随着经济社会的快速发展，城市、乡村和公众面对气象灾害等自然灾害的暴露度和脆弱性越来越凸显，自然灾害对人们的影响越来越大。同时，自然灾害等安全突发事件引发的连锁效应越发明显，如果处置不当，自然灾害会衍生出严重的社会问题。这对政府和部门加强灾害防御和应急处置能力提出了更高要求，同时也越来越体现出作为灾害应急管理体系金字塔结构中的基础层——每个公众灾害自救能力的重要性。浙江是气象灾害较为严重的省份，有台风暴雨雷电频发之灾，有高温缺水干旱重发之害，有山洪地质灾害易发之忧，也有大风雾霾冷害常发之患，气象灾害防御任务较重，公众对气象灾害应对自救知识的需求也非常急切。如何编写一本既有可读性又有科普内涵的气象灾害应急自救手册，使大众掌握足够的知识，帮助他们在遇到灾害时沉着应对、有效自救，浙江气象人责无旁贷。

带着这样的使命感和责任感，我们组织编写了《浙江省公众气象灾害防御准备指南》，希望集知识性、实用性和生活性为一体，以气象灾害研究的最新成果为基础，用更加准确和通俗的语言，唤起公众灾害风险防范意识，给公众提供有效应对气象及其次生灾害的相关指导，帮助他们了解如何在气象灾害及其次生灾害来临时保护自己和家人。

“凡事预则立，不预则废”。灾害防御的“十分之一法则”也告诉我们，100 元的防灾投入，可以避免 1000 元的受灾损失。所谓

防患于未然，可见灾前预防的重要性，注重灾前应灾准备和预防，这也是本书希望传递给公众的一种理念。

本书共分三篇19章，在第一篇《基本应灾准备》中强调了防患于未然的重要性和可操作性，从基本信息的了解、家庭应灾自救计划的制定、灾害应急用品的准备和如何避灾等方面详细介绍了灾前的准备工作；在第二篇《应对气象及其次生灾害》中针对影响浙江的主要气象及其次生灾害分灾前、灾中、灾后进行了应灾措施的介绍，并在浙江气候背景下对气象灾害进行了详细的科普解读；在第三篇《灾后恢复》中，从心理恢复、灾害风险转移以及政府和社会参与在灾害恢复中的作用等角度介绍了灾害过后的生活重建。

在本书的编写过程中得到了浙江省政府应急办、浙江省教育厅、浙江省民政厅的大力支持，在此表示感谢。最后，还要感谢为本书编写付出智慧和辛劳的十三位气象女将们！

浙江省气象局局长　**苗长明**

2017年11月20日

目 录

第一篇 基本应灾准备

第二篇　应对气象及其次生灾害

第三篇　灾后恢复

附　录

第一篇 基本应灾准备

“为什么要做应灾准备？”这也许是你的疑问。应灾准备益处多多，其中最主要的是可以减少你在应对灾害时的手足无措和焦虑恐惧，通过本篇的阅读你将了解很多基本应灾的措施，这些都有助于你能够沉着应灾。其次，做好应灾准备可以有助于减轻或避免灾害造成的损失，比如在台风来临前加固门窗和房屋，及时搬离地质灾害隐患点以避免地质灾害，在严寒天气降临之前给裸露在室外的水管和水表穿上“保暖衣”等。有关减轻灾害风险的措施你将在第二篇里阅读到。本篇《基本应灾准备》是阅读和掌握第二篇、第三篇内容的必要基础，适用于绝大部分气象及其次生灾害的应对。

通过本篇的阅读，你将能够了解：

- 气象灾害（次生灾害）的风险；
- 哪里去获取气象灾害预警信息；
- 如何制定气象灾害家庭应灾自救计划；
- 如何准备灾害应急用品；
- 在灾害发生时可以去哪里避灾；
- 灾前、灾中、灾后不同阶段的灾害应急举措。

第一章　这些信息很重要

“知己知彼，方能百战不殆”。减轻气象灾害风险，你应该知道气象灾害风险是什么；有效应对气象灾害，气象灾害预警信号是“消息树”；灾害来临时，处于危险区域的你是转移还是留守；参与气象灾害应急响应时，要了解相关的应急预案和计划……通过本章的阅读，你可以了解这些信息。

一、气象灾害就在身边

浙江省位于中国东南沿海长江三角洲南翼，陆域面积 10.55 万平方千米，是中国面积较小的省份之一；陆域面积中，山地、水面和平坦地各占 74.63%、5.05%、20.32%，俗称“七山一水两分田”；海域面积 26 万平方千米，是全国岛屿最多、海岸线最长的省份。浙江也是我国受气象灾害影响最严重的省份之一，气象及其次生灾害所造成的经济损失占自然灾害的 90% 以上，可以说一年四季都有气象灾害发生，给我们的生命财产安全带来了巨大隐患。

影响浙江的气象灾害主要有台风、大风（龙卷风）、暴雨、暴雪、寒潮、低温、霜冻、道路结冰、冰雹、高温、干旱、雷电、大雾和霾等十四种，同时洪涝、滑坡、泥石流、森林火灾等气象次生灾害也时有发生。图 1–1 为浙江省气象灾害综合性风险区划。

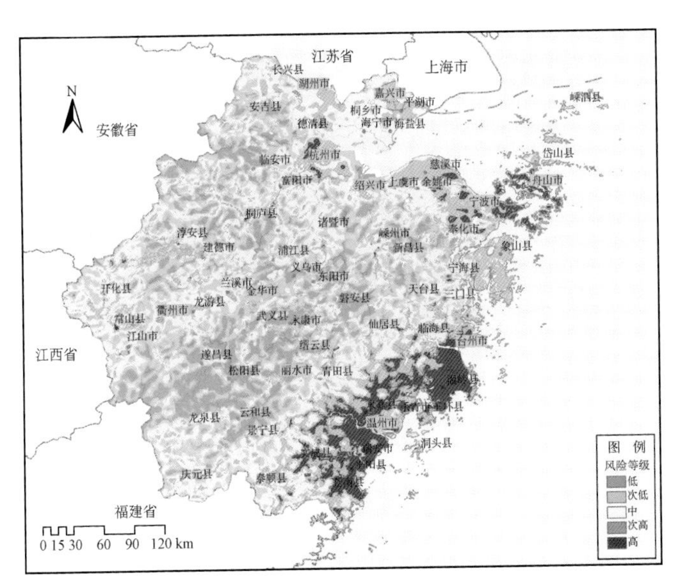

图 1-1　浙江省气象灾害综合性风险区划

你可以去当地的乡镇（街道）或者气象部门了解你所在区域可能遭受的气象灾害和风险等级。你可以将了解到的信息记录在表 1-1 中，并阅读相应章节，以了解减轻你和家人所面临风险的方法和建议。

表 1-1　信息记录表

可能遭受的气象（次生）灾害	风险等级（无、低、中、高）	降低风险的方法和建议
1. 暴雨洪涝		详见第六章
2. 台风		详见第七章
3. 雷电		详见第八章
4. 严寒雪冻		详见第九章
5. 高温热浪		详见第十章
6. 气象干旱		详见第十一章
7. 雾和霾		详见第十二章
8. 风雹		详见第十三章
9. 地质灾害		详见第十四章
10. 森林火灾		详见第十五章

二、怎样获取气象灾害预警信息

在气象灾害发生或即将发生时，你可以通过电视、广播、预警大喇叭、电子显示屏、网站、气象官方微博和微信、96121 声讯电话、“智慧气象”APP 等渠道获取气象灾害预警信息（表 1–2）。

表 1–2　气象灾害预警信息获取的权威渠道

权威渠道	获取方式
电视	收看当地电视频道飞字、窗口挂角预警信息
广播	收听当地电台广播
应急广播	收听布设在村（组）的 IP 应急广播播报
海洋广播电台	收听舟山海洋电台广播（主要覆盖舟山群岛、东海及南海南部等海域）
预警大喇叭	收听布设在乡村的气象大喇叭播报的预警信息
电子显示屏	收看布设在乡村、公共场所及部门、企业的电子屏
浙江天气网	登录浙江天气网（网址：http://zj.weather.com.cn/）查看
气象官方微博、微信	关注浙江天气微信号（ZJTQ0571）及当地气象官方微博、微信公众号查看
96121 声讯电话	拨打 96121 电话查询
智慧气象 APP	下载“智慧气象”手机客户端查看

你所在的乡镇（街道）一般都设有气象工作站和气象协理员，村（社区）设有气象服务站和气象信息员，他们通过各类气象信息权威渠道接收气象灾害监测预报预警信息及上级政府、部门的应灾部署，在特别重大气象灾害来临时为你及时传递相关信息。你也可以到所在地村（社区）便民服务中心或农村综合服务站获取气象服务信息。

如何读懂气象灾害预警信号

台风等影响浙江的十四类气象灾害都有预警信号。

- 气象灾害预警信号有四个级别：根据气象灾害可能造成的危害程度、发生的紧急程度以及发展态势，预警信号一般划分为四级：Ⅳ级（一般）、Ⅲ级（较重）、Ⅱ级（严重）、Ⅰ级（特别严重）。
- 不同的级别用不同颜色表示：Ⅳ级、Ⅲ级、Ⅱ级、Ⅰ级分别用蓝色、黄色、橙色和红色的中英文图标标识。其中红色为特别严重，其他依次降低。
- 气象灾害预警信息内容包含四部分：气象灾害预警信号名称、信号图标、信号含义和防御指南（各类气象灾害预警信号详见附录1）。
- 气象灾害预警信号属地发布：根据《浙江省气象灾害防御条例》，浙江省气象灾害预警信号实行属地发布制度，也就是说，气象灾害预警信号一般由县级气象台发布，没有设立气象台的县、区，就由设区的市气象台负责发布。

三、转移还是留守

哈姆雷特说：“生存还是毁灭，这是一个值得考虑的问题。”当气象灾害来临时，转移还是留守，同样是一个值得考虑的问题。一般来讲，你可以参照以下两点做出转移和撤离的决定：

- 收到当地政府的转移指令时，你应当配合、服从政府应急处置和人员转移工作，积极采取相应的自救互救措施。
- 当你和家人感觉生命受到威胁时，请立即离开住所、学校或工作场所，以避免可能发生的危险。

服从、配合转移是最明智的选择

不管是《浙江省气象灾害防御条例》还是《浙江省人民代表大会常务委员会关于自然灾害应急避险中人员强制转移的决定》，均明确了在气象等自然灾害中，对经劝导仍拒绝转移的人员，政府及有关部门可以依法实施强制转移。

一般来讲，你所在地乡镇（街道）政府会根据应急预案启动标准或收到险情事发地村级防灾减灾工作组请求时下达转移指令，村网格管理责任人接到村级防灾减灾工作组的进岗指令后，会及时通知到各网格管理员，由网格管理员负责告知本网格需安置的特殊人群转移。乡镇（街道）防灾减灾领导小组会调集民兵、公安和工程技术人员迅速组成转移工作组，将危险地区群众转移到就近的避灾安置场所。如表 1–3 所示、图 1–2 所示。

表 1–3　转移指南

时刻准备应对以下情况	如果时间允许可以这样做
保证至少有一种以上渠道能够及时获取气象灾害预警信息	准备好你的灾害应急用品
如果你被告知需立即转移，为避免灾害的不利影响，请尽早离开	穿上结实的鞋子，以及诸如长裤、长袖衬衫和帽子等能够提供保护的服装
	确保住所安全； 关好门窗； 切断电器设备的电源，如电视机、空调以及小家电
遵照避险转移线路，前往就近的避灾安置场所	告知别人你的去向
警惕被冲垮的道路和桥梁，不要开车进入水淹地区	
远离倒伏的电线	

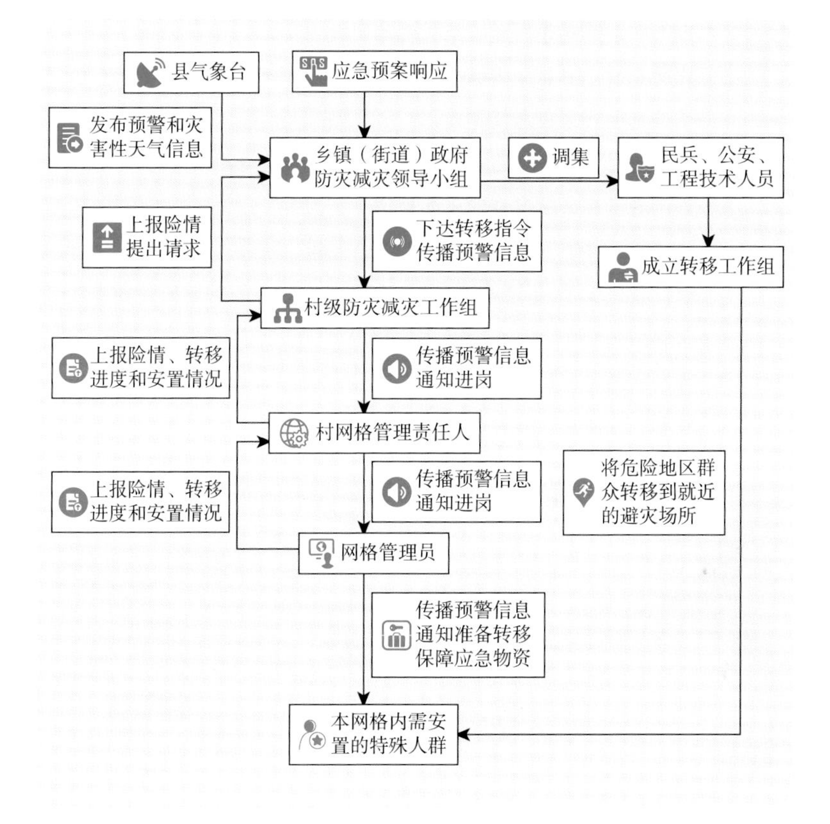

图 1–2　乡镇（街道）政府组织转移框架图

四、了解村（社区）、单位气象灾害应急准备工作

（一）村（社区）应急准备工作

你可以向所在村（社区）询问气象灾害应急准备情况，以便你可以制定相应的家庭应灾自救计划：

- 你所在村（社区）是否有气象灾害应急计划，主要内容有哪些？
- 关于气象灾害应急计划哪些与你密切相关，并需要了解？
- 你所在村（社区）是否有写明气象灾害的种类、可能受危害的类型、预警信号以及紧急状态下人员撤离和转移路线、避灾安置场所、应急联系方式等内容的防灾避险明白卡？

- 你所在村（社区）有没有气象服务站，你可以从哪些途径了解气象信息和气象应急救灾知识？
- 你所在村（社区）是否有气象防灾减灾风险地图？
- 如何看懂气象防灾减灾风险地图（见图 1–3）？
- 你所在的村（社区）户外铁塔、大树、凉亭以及河边、四周空旷的高耸地等易遭受雷击的区域，有无设置醒目的防雷安全警示牌？
- 你所在的村（社区）学校、医院、公交候车（船）棚（亭）、凉亭、礼堂、旅游景点等设施有无安装防雷装置？

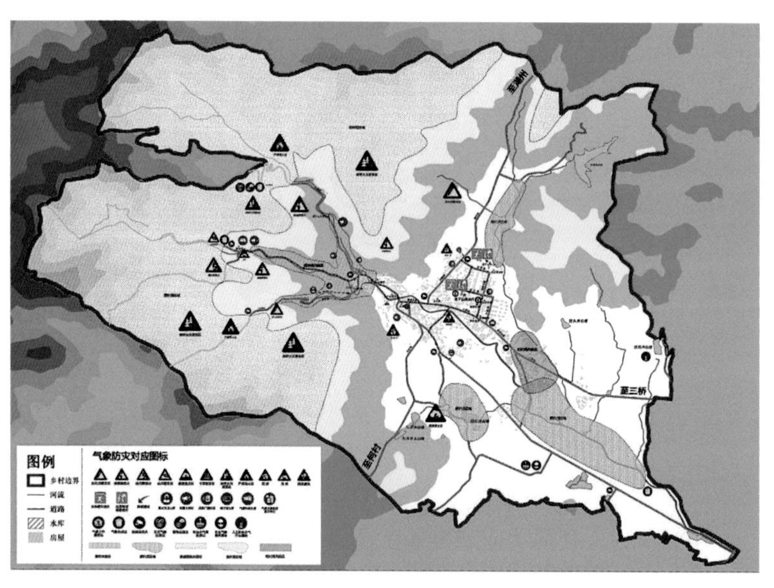

图 1–3　浙江省湖州市德清县莫干山镇燎原村气象防灾减灾风险地图

除了解你所在村（社区）的气象灾害应急计划外，了解其他应急计划也非常重要，这些计划包括你所在单位和你孩子所在学校的灾害应急计划。

请向你的单位和有关学校了解应对灾害和紧急事件的相关信息，包括如何向员工和家长传播灾害预警信息等。

（二）单位应急准备工作

如果你是单位负责人，请确保：

- 了解单位遭受气象灾害的种类和风险；
- 准备充足的食物、水和其他基本应急物资；
- 制定并熟悉紧急情况下的应对措施，包括落实应急责任负责人和联系人、气象灾害预警信息的接收和传播、人员避险转移引导和生活安置等。

如果你的单位被当地政府确定为气象灾害防御重点单位，你还要做到以下几点：

- 制定气象灾害应急计划，每两年不少于1次组织本单位人员开展应急演练；
- 确定气象灾害防御联系人，承担气象灾害防御联络、信息传播等工作；
- 配备必要的气象信息接收与传播设施；
- 明示避灾场所、转移路线等灾害防御指引信息；
- 定期开展气象灾害隐患排查，确定防御重点部位，设置安全标志；
- 开展气象灾害防御知识科普宣传培训。

专家解读

什么是气象灾害防御重点单位？

由县级以上人民政府组织气象主管机构、有关部门确定并向社会公布的单位，包括：

- 交通、通信、广播、电视、网络、供水、排水、供电、供气、供油、危险化学品生产和储存等重要设施的经营、管理单位；
- 机场、港口、车站、景区、学校、医院、大型商场等公共场所及其他人员密集场所的经营、管理单位等。

参考文献

樊高峰，2011. 浙江省气象灾害防御规划研究［M］. 北京：气象出版社.

美国国土安全部，2010. 你准备好了吗？——公民应急准备指南［M］. 尚红，杜晓霞，隋建波，等，译. 武汉：中国地质大学出版社.

张克中，张力，朱菊忠，等，2016. 浙江省乡村气象防灾减灾建设规范（DB33/T 2016-2016）［S］. 杭州：浙江省质量技术监督局.

浙江概览编撰委员会，2016. 浙江概览（2016 年版）［M］. 杭州：浙江人民出版社.

浙江省人民代表大会常务委员会，2017. 浙江省气象灾害防御条例.

浙江省人民政府办公室，2008. 浙江省气象灾害预警信号发布与传播规定（浙政办发〔2008〕11 号）.

第二章　制定家庭应灾自救计划

尽管计划可能不如变化快，但针对突发灾害制定家庭应灾自救计划是一件很有意义和作用的事。它有助于你事先“脑补”灾害发生时可能经历的过程，把灾难作为一个随时可能出现的“假想敌”，事先考虑应对灾害的方方面面，有助于你真正面对灾害时可以快速反应、从容应对。家庭应灾自救计划包括转移路线、家庭联系方式、水电气的切断与安全措施、贵重物品和重要资料的保存、安全自救技能、针对特殊需要的应灾内容等。计划制定完成后，可根据计划进行演练，在演练中不断完善计划。

一、确定转移路线

（一）家中

画出你家及你家小区平面图，画出至少两条从你家到最近的避灾安置场所的转移路线（参见图 2–1）。要为孩子讲解平面图，确保孩子们能看懂，并将示意图贴在孩子们能看得见的高度。

确定紧急情况下家人可以会合的地点并将这些地点记录在表 2–1 的表格中。

（二）公共场所

在商场、酒店等公共场所，要注意观察各个安全出口，并阅读了解疏散图。

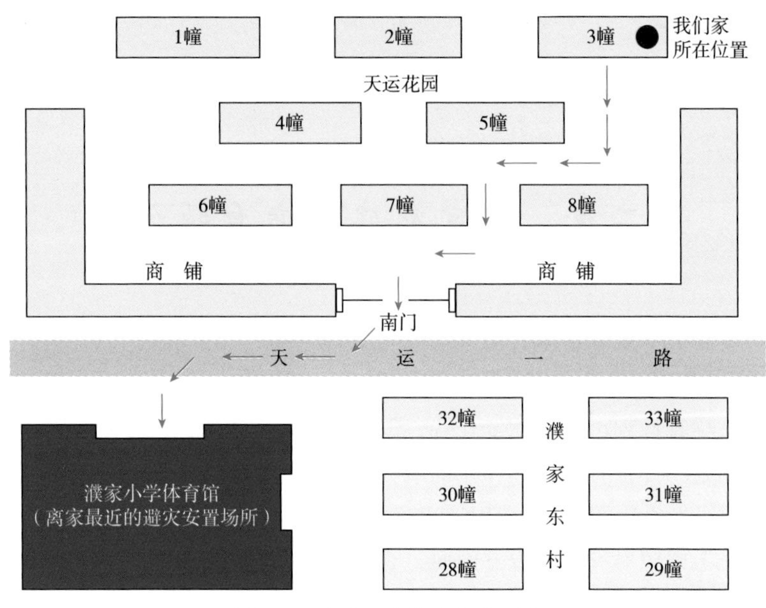

图 2–1　家庭避灾转移路线示例

表 2–1　紧急情况下的会合地点示例

	会合地点
在家附近	小区南大门
在稍远的地方	附近学校的体育馆

二、制定家庭联络卡

当灾害发生时，你与家人可能不在一起或走散。所以，你们要提前约定遇到突发情况可采取的联系方式，并设想所有可能出现的情况。如制定会合地点（表 2–1）；为每个家庭成员（特别是老人和孩子）制作一张联络卡；找一个住在外地的亲戚或朋友作为中间人，用以互报平安。

表 2–2 为家庭联络卡，供你参考。联络卡也可根据个人需要来制定，但最好包含家庭联系人姓名、电话和必备的医疗信息，以及外地联系人姓名、电话。可将此联络卡填写完整并建议每位家庭成员随身

携带。同时，建议在家庭灾害应急用品中也放置一份家庭联络卡。

表 2–2　家庭联络卡

<table>
<tr><th colspan="7">外地联系人</th></tr>
<tr><td>姓名</td><td>关系</td><td>固定电话</td><td>手机</td><td colspan="3">地址</td></tr>
<tr><td></td><td></td><td></td><td></td><td colspan="3"></td></tr>
<tr><td></td><td></td><td></td><td></td><td colspan="3"></td></tr>
<tr><th colspan="7">家庭成员信息</th></tr>
<tr><td rowspan="2">姓名</td><td rowspan="2">关系</td><td rowspan="2">联系电话</td><td rowspan="2">身份证号码</td><td colspan="3">重要医疗信息</td></tr>
<tr><td>血型</td><td>过敏史</td><td>其他</td></tr>
<tr><td></td><td></td><td></td><td></td><td></td><td></td><td></td></tr>
<tr><td></td><td></td><td></td><td></td><td></td><td></td><td></td></tr>
<tr><td></td><td></td><td></td><td></td><td></td><td></td><td></td></tr>
</table>

三、学会水电气的切断

灾害发生时，及时关闭家中的供水、电力、燃气供应等设施非常重要。以下是切断水电气等设施时的注意事项。你可登录水电气供应单位的网站，根据水电气供应单位的具体要求来对注意事项进行必要的修改。

浙江省电力公司（网址：www.zj.sgcc.com.cn；热线电话 95598）；

杭州市燃气集团有限公司（网址：www.hzgas.com.cn；热线电话 0571—967266）；

杭州市供水公司（网址：www.hzwgc.com；热线电话 0571—87826489，其他城市电话可登录当地自来水公司官网查询）。

（一）水

受台风、暴雨洪涝、低温冻害等气象灾害影响，可能会出现家庭用水水源被污染、水管破裂等情况，这时水会变得非常稀缺，你可以这样做：

1. 观察水质是否安全

在无法或尚未获取官方权威信息时，你可以通过看、嗅、尝、验的方式简易判断饮用水水质是否安全。

- 看：干净的水应该无色、无异物等；
- 嗅：干净的水没有异味；
- 尝：干净的水没有味道，如果发现有酸、涩、苦、麻、辣、甜等味道则不能饮用；
- 验：如果条件允许，可以利用水质检验设备等对水质进行快速检验，合格后饮用。

2．关闭供水阀门

知晓你家水管入户阀门的位置。为方便识别，请在阀门上贴上标签，并确保所有家人都知道它的位置。水管破裂会造成供水污染，因此，要让所有家庭成员都学会如何关闭阀门（图 2–2）。如发现水管破裂，在官方确认水质安全前关闭水阀是最好的选择。

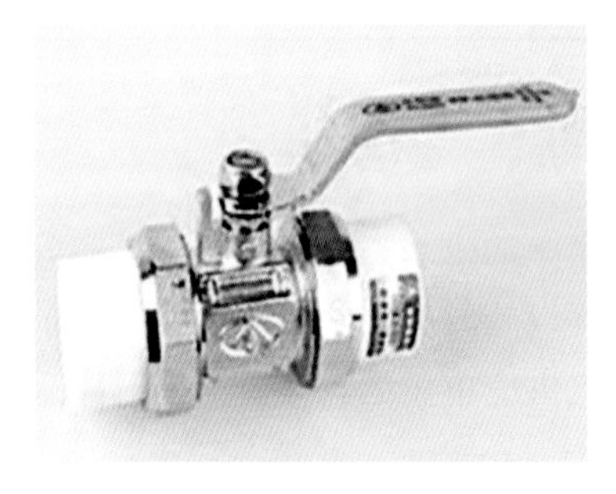

图 2–2　常见的家用供水阀门

3．当饮用水已被污染时

如发现饮用水被污染，建议立即停止饮用，防止中毒，并拨打自来水客服热线。

（二）电

- 要让家人知道家里电路箱和总电闸的确切位置，并教会所有家人如何切断家中电源；
- 如遇雷暴天气，不要去触摸使用中的家用电器；禁止用湿手、湿布触碰各类电源开关。

（三）燃气

燃气泄漏可能引发火灾及其他灾害，因此，告知家人如何正确关闭气源是非常重要的。

- 由于不同的燃气装置有不同的关闭方法，请在购买安装时了解你家燃气装置的使用指南，同时建议购买有熄火保护装置的炉具，万一跑气时可自动切断气源；
- 当你学会如何正确切断燃气供应后，请教会所有家人。

四、保存贵重物品和重要资料

- 清点家庭财物：罗列所有财物清单，将所有贵重个人物品列入清单，并可根据此清单来购买保险；
- 关于钱的保存：建议家中不要存放大量现金，除保障日常花销外，应存入银行；少量现金及存折应一起存放在家中相对安全且方便拿取的地方，以便转移撤离时快速带走；
- 重要文件的保存：将重要文件（如户口本、房产证、保险单、银行存折、有价证券、财产记录及其他重要文件）集中存放在一个袋子中，或者存放在安全的地方，比如放置在其他地方的保险箱中。将文件副本放入你的灾害应急用品中。

五、掌握急救技能

天气会引发或加剧疾病，比如骤降的气温对心血管疾病的人充满危机，寒冷地区温度每降低 1℃，心血管疾病死亡率就会增加；遭遇雷击，可能导致人员休克；遭遇台风、大风等灾害性天气，可能会被砸伤出血……“屋漏偏逢下雨天”，这样的情况下，具备一定的急救技能显得非常重要。

各地红十字会或各大医院急救中心均会提供简单的急救技能培训。你也可登录“中国红十字会”网站（网址：www.redcross.org.cn）或各地红十字会网站学习各类急救知识。下面介绍两种常用的急救知识。

（一）心肺复苏法

学会心肺复苏的技能很重要，不管何种情况导致的晕厥，心搏骤停一旦发生，如得不到及时抢救复苏，4 ~ 6 分钟后会造成晕厥

者的脑部和其他人体重要器官组织的不可逆损害，因此，心搏骤停后的心肺复苏必须在现场立即进行。心肺复苏主要分为两个步骤：心肺复苏前的准备，即判断意识和打开气道；实施心肺复苏，即人工呼吸加胸外心脏按压。

1．心肺复苏前的准备

判断意识。一般分为喊话、呼救、检查三个步骤（图 2–3）。

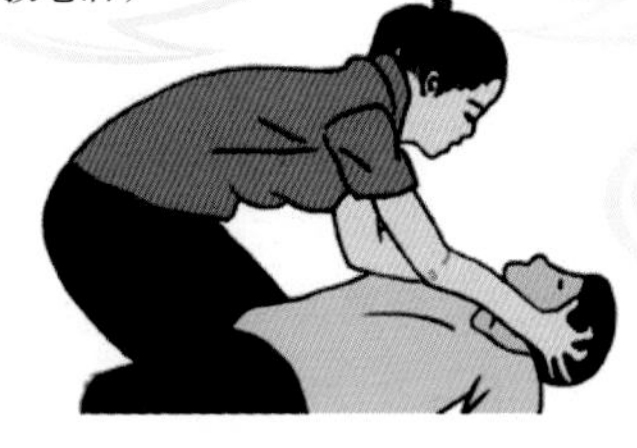

图 2–3　判断意识

打开气道。被救者心跳呼吸停止、意识丧失后，由于口腔内的舌肌松弛，舌根会后坠而堵塞呼吸道，造成呼吸阻塞。因此，在进行口对口吹气前，必须打开气道，保持气道通畅（图 2–4）。再通过看、听、感觉三种方法检查其是否有自主呼吸。如无呼吸应立即进行心肺复苏。

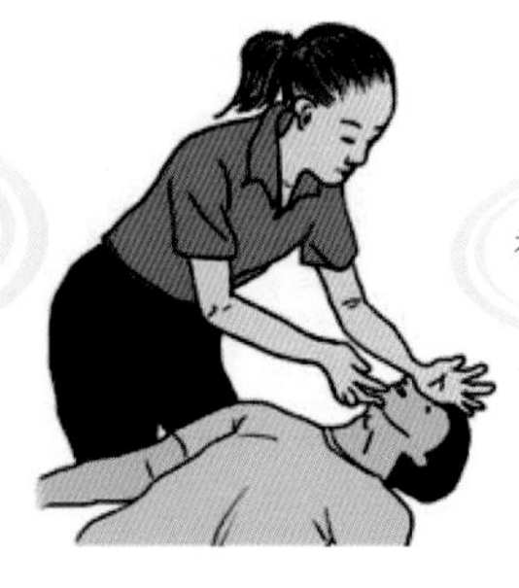

图 2–4　打开气道

2. 实施心肺复苏

实施心肺复苏就是人工呼吸加人工胸外按压，一般是 30 次按压后做 2 次人工呼吸，循环做。

- 胸外心脏按压。按压前，要让被救者仰卧，如果在床上，一定要找一个硬的东西（比如大一点的案板）垫在其背部，因为床太软，无法进行按压。步骤和要点详见图 2-5。

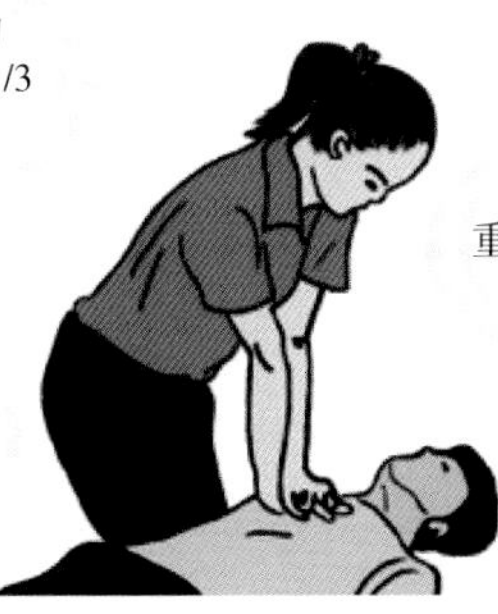

图 2-5 胸外心脏按压示意图

- 人工呼吸。人工呼吸即口对口吹气，这是向被救者提供空气的有效方法。在人工呼吸前要确保被救者口腔内没有假牙和分泌物等异物，然后才可进行具体操作，步骤和要点详见图 2-6。吹气后你要抬头撤离一边，捏鼻的手同时松开，以利于被救人员呼气。如此以每分钟 12 次的频率反复进行，直到其有自主呼吸为止。

图 2-6 人工呼吸示意图

需要注意的是，在进行人工呼吸和胸外心脏按压后，如被救者嘴唇恢复红色，并有呼吸了，说明心跳已经恢复。如果没有恢复，请继续30次按压后做2次人工呼吸的循环动作，直至救护车到来。

如何正确拨打120急救电话

呼救电话应简单明了，以免耽误宝贵时间。主要内容有以下几点：

1．病人姓名、性别、年龄。

2．病人目前最危急的状况。如昏倒在地、心前区剧痛、呼吸困难、大出血等，发病的时间、过程，用药情况，过去病史及与本次发病有关的因素。

3．发病现场的详细地址、电话以及等候救护车的确切地址，最好选择有醒目标志处。

（二）外伤出血急救处理

外伤出血常用的急救方法有指压止血法和加压包扎止血法。

1．指压止血法

指压止血法是在伤口的上方，即近心端，找到跳动的血管，用手指紧紧压住。需要注意的是，这是一种紧急的临时止血法，在运用此法的同时应准备材料换用其他止血方法。

2．加压包扎止血法

加压包扎止血法是一种应用普遍、效果较佳的方法。即：用消毒的纱布、棉花做成软垫放在伤口上，再用力加以包扎，以增大压力达到止血的目的。

六、为特殊需求做准备

如果你或你身边的人存在生理缺陷或有特殊需求，你可能需要做一些特殊准备，以在面对灾难时采取额外措施（表2-3）。

表 2-3 特殊需求及措施

特殊需求	额外措施
听力障碍	需要事先确定接收灾害预警信息的方法和途径，使其能够接收到预警信息
行动不便	可能需要日常预备家用轮椅等设备，在灾难发生时寻求特别援助，以便前往避灾点
视力障碍	需要事先确定接收灾害预警信息的方法和途径，以便接收到预警信息。灾难发生时需要特别援助或安排，以便前往避灾点
沟通障碍（包括聋哑，语言不通等）	需要事先为其制定专门的应急计划，以便对紧急情况作出响应
孤寡老人和儿童	日常需加强科普教育和应急演练，灾难发生时可能需要他人援助来应对灾害
孕妇、产妇	可能需要他人援助来应对灾害
婴儿	需要准备专门的饮食，需要他人援助来应对灾害

该怎么办

如何针对特殊需求制定应灾自救计划

- 了解你所在村（社区）能够提供哪些特别援助；
- 在村（社区）和当地民政应急部门登记注册，以便在需要时能够获得相应援助。在你的家人、邻居、亲戚、朋友中寻找能够为你提供帮助的人，告诉他们你的需求，并确保每个人都知道如何在提供帮助时操作所需设备（如轮椅、呼吸机等）；
- 如你行动不便，但却在高层建筑里居住或工作，请准备可迅速逃生的轮椅，并了解无障碍出入口位置；
- 准备所需的特殊物品，如氧气、导管、药物、服务性动物（如：导盲犬）的食物以及你可能需要的其他用品；
- 请务必为需要冷藏的药物采取相应措施；
- 请随身携带你所需医疗器械类型和型号的清单。

七、如何照顾宠物

宠物和人类一样也会受到灾害的影响。以下是宠物避灾注意点，你可根据家中宠物的实际情况完善计划。

- 除服务性动物外，宠物通常不被允许进入避灾安置场所，因为它们可能会影响其他避灾人员的健康和安全。所以需要提前明确哪些避灾点、酒店可以带宠物进入（具体信息可致电当地的防疫站、动物收容所等机构）；
- 保存有关宠物已接种疫苗的最新医疗记录，确保你的宠物有合法的身份证件和最新医疗记录；
- 收集宠物用品，准备宠物笼和皮带。

参考文献

国家减灾委员会，中华人民共和国民政部，2009. 全民防灾应急手册［M］. 北京：科学出版社.

美国国土安全部，2010. 你准备好了吗？——公民应急准备指南［M］. 尚红，杜晓霞，隋建波，等，译. 武汉：中国地质大学出版社.

浙江省人民政府应急管理办公室，浙江省科学技术厅，浙江省地震局，等，2005. 公众防灾应急手册［M］. 杭州：浙江人民出版社.

相关网站

http://www.redcross.org.cn/hhzh/

http://www.hzwgc.com/

http://www.zjhz119.com/

第三章 准备灾害应急用品

俗话说，“天有不测风云，人有旦夕祸福”。当灾害意外发生时，交通、通信、水电供应等往往会受到影响，还可能造成食物、饮水短缺。当你被灾难围困，无法第一时间得到援助时，就需要自力更生，保证自己和家人几小时甚至几天的基本生活需求，也可能需要在极短的时间内撤离所在地，这时候事先准备的灾害应急用品就派上大用场了。

一、灾害应急用品的存放地点

灾害总是意外发生，你无法预知它发生的时间地点，建议结合日常活动场所在家中准备一套应急用品，有条件的话也可在工作场所和车里各准备一套。准备灾害应急用品要以最小体积重量为原则，将应急用品整理到一个容器内，以便撤离时可以“拿起就走”。建议将应急用品存放在双肩背应急包内，这样可以解放双手方便行动，应急包的颜色要鲜艳显眼，最好有夜光效果，以保证无论白天还是夜里都能在第一时间迅速找到。灾害应急用品存放在家里时，要考虑干燥阴凉靠近门口的固定位置，兼顾老人、小孩拿取的便捷性，并确保所有家人都知道应急用品的存放位置；存放在单位的应急物品中还可放入一双适合长距离步行的运动鞋；车内应急用品还应该包括灭火器、闪光装置和简易医疗箱等。

二、灾害应急用品清单

1．**按需配备应急用品。**灾害应急用品包括食物、饮水、药品及简单的生活和求救必需品。转移时方便携带的应急包应包含家庭成员至少能维持三天基本生活所需物品，留在家里避灾时所需的应急物品应包含至少维持七天基本生活的物品，食物要选择体积小、重量轻、能量高的，水直接用瓶装水，表 3–1 列出的应急用品清单供你参考。

应急用品的配置并没有统一标准，除食物和水必需外，其余用品可根据你所处区域受灾的特点，并结合家庭需求删选清单进行配置。你也可以直接购置逃生应急背包，一般都配有专业逃生必需用品。

表 3–1　灾害应急用品清单

类别	清单	类别	清单
食品	高脂肪、淀粉和糖类等不易腐坏变质的食物，包括巧克力、坚果类、压缩饼干、能量棒、开罐即食肉罐头等，可除去外包装保留真空包装以减少体积	生活用品	湿纸巾、肥皂清洁剂、卫生纸、垃圾袋、雨衣、防尘口罩、防滑手套、防灾头巾、保暖睡毯、备用衣物、适合走路的鞋子等
饮　水	瓶装矿泉水，按每人每天至少 2 升的标准准备，另外准备净水消毒片以备不时之需	救灾用品	收音机以及备用电池、手电筒和备用电池、手机和充电器、救生哨、逃生绳、多功能剪刀、开罐器、防水火柴和急救蜡烛等
药品	包含抗感染、抗感冒、抗腹泻类药品，创可贴、酒精消毒片、纱布、碘伏棉棒、弹性绷带、医用胶布等医用材料，和急救指导手册一并装入急救箱	其他用品	身份证、信用卡、现金和硬币等随身财物，家庭联系方式，根据家庭成员的特别需求，准备备用眼镜、婴儿用品等其他必要的物品

2．**及时更新应急用品。**应急用品中的食物、饮水、药品都有一定的保质期，定期检查和更新是保证这些用品在需要时可以被放心使用的重要手段。建议在应急用品放置的容器上标明更新日期和保质期，每季度检查一次，在食物到期前及时替换。同时每半年检查一次其他物资情况，确保药品、生活用品和求救物品的可用性。考虑到家庭成员需求的不断变化，因此，每年都需要根据需求的变化对应急用品进行更新调整。

第四章　避　灾

一、寻找合适的避灾空间

当灾害来临之时，你需要寻找一个安全的避灾点，家也许是你最先想到的地方。正如第一座房屋被人类创造出来是为了有个庇护所一样，躲避狂风暴雨、电闪雷鸣、雨雪冰冻，在室内是最安全的选择。当灾害猝不及防降临，请在家中、单位或者你所处的地方就地避灾。当然，如果你的家或者单位处于洪水威胁的低洼地段、山洪易发区、地质灾害隐患点附近，或者家里的房屋比较老旧，那么你就要在灾害来临之前，远离灾害隐患区域，及时到亲戚、朋友家或者是政府建立的避灾安置场所避灾。

为了有效避灾，你必须根据所遇灾害的不同，在家或者其他建筑物中找到可以有效避灾的位置。就像紧急避震时要寻找三角空间避险一样，遇到台风、龙卷风等易损毁建筑的气象灾害，你应该躲靠在支撑力大而自身稳固性好的物件旁边，比如铁皮柜、立柜、暖气等，也可以躲在内墙根、墙角这些易形成三角空间的地方。当然，如果家里有地下室，那是最好的躲避风灾的安全场所，切记一定要远离外墙、门窗和阳台。

在避灾点避灾的时间因气象灾害特点的不同而不同，有时候很短，比如台风影响时；有时很长，比如连续大暴雨或者雨雪冰冻发生时。但是，不管哪种气象灾害影响，气象灾害的结束并非是离开避灾点的信号。因为气象灾害的衍生性以及带来次生灾害的滞后性，气象灾害的结束并非意味着灾害的结束，也就是说暴雨结束了，其引发的地质灾害等有可能在暴雨结束后才发生。因此，在政府确认安全前不要离开避灾点，这非常重要。贸然离开避灾点返回灾害隐患区域的家，而因此受到生命威胁甚至失去生命的悲剧就曾发生过。

二、了解避灾安置场所

如果你平时注意的话，你会看见如图 4–1 所示的指示牌，这是通往避灾安置场所的指示牌，在撤离转移避灾的时候，它能指引你迅速准确前往避灾安置场所。就浙江省而言，避灾安置场所根据建设规模和标准的不同有三类：

图 4–1　避灾安置场所指示牌

- 县（市、区）避灾中心：可以容纳避灾人员 200 人以上，一般利用人防疏散基地、体育馆、影剧院、会场、学校和社会福利院等公共建筑物及公园、广场、绿地等公共场所进行建设；
- 乡镇（街道）避灾中心：可以容纳避灾人员 100 人以上，一般利用乡镇敬老院、文化中心、学校等符合避灾要求的公共设施进行建设；
- 村（社区）避灾点：可以容纳避灾人员 50 人以上，一般利用社区服务中心、老年活动中心及中小学校等公共设施进行建设。

所以说，当你不知晓所处区域的避灾场所的话，可以选择去学校、社区服务中心、敬老院等，这些地方往往就是当地政府建设的避灾安置场所。

根据浙江省《避灾安置场所规划管理使用标准（试行）》和《避灾安置场所内救灾物资储备标准（试行）》，浙江省县、乡、村三级避灾安置场所均设有男女休息室、卫生间和救灾物资储备室，并且备有饮用水、方便食品以及洗漱用品、餐具、棉被、床铺等生活类救灾物资。尽管政府已经为你的避灾安置准备了必要的设施和物资，但是如果撤离时间允许，请在前往避灾安置点的时候带上你的灾害应急用品（灾害应急用品的准备见第三章），以便在需要的时候能够得到你想要的物品。在避灾安置场所，往往需要和很多人在一个有限的空间里一起生活，这时候配合避灾场所的管理并积极帮助他人显得格外重要。

三、避灾时饮水注意事项

当遇到洪涝、道路结冰等气象灾害，交通中断、出行困难，你又来不及转移到避灾安置场所，被围困在家的时候，饮用水往往会变得紧缺，如何合理科学饮水、用水非常重要。

（一）合理使用和分配用水

年龄、活动量、身体状况和所处的季节决定着每个人对饮用水的需求，一般来讲，一个成人每天的饮水量为 1500 ~ 1700 毫升。饮水要注意以下几点：

- 按需饮水。在保证基本饮水需求的情况下，尽量节约用水，以避免避灾期间饮用水短缺。
- 优先饮用未被污染的水源。被污染的水可能含有能引起痢疾、霍乱、伤寒和肝炎等的致病微生物（细菌），请尽量避免饮用不安全的水。如果要使用无法确保安全的水源（诸如河水、溪水和来自水管的浑水等），那么请在饮用前，对其进行净化处理。
- 不要用碳酸饮料代替纯净水。碳酸饮料无法满足人体对水的需求。因为含有咖啡因的饮料和酒精会使身体脱水，从而增加人体对水的需求。

（二）寻找安全水源

- 避免家中水管中的水被污染。如果你得到有关自来水管道或污水管道破裂的报道，或者当地政府确认水源存在问题，你需要避免家中现存的水受到污染。找到主供水阀并将其关闭，以切断外部水源进入你家中。确保你和你的家人都知道如何关闭阀门。
- 正确使用热水器中的水。如需使用热水器中的水，请确保断开热水器电源或燃气供应，打开水箱底部的出水阀并关闭进水阀，然后打开热水龙头开始放水。在重新接通热水器电源或燃气供应之前，务必将水箱注满。如果燃气供应已被切断，请寻求专业人员将其重新打开。
- 可以使用的安全水源。包括融化的冰块、未被损坏的热水器中的水、自来水管中的水。
- 切勿饮用的不安全水源。包括散热器、家庭供暖用的热水锅炉中的水以及马桶或冲洗水箱的水。游泳池中的水由于含有杀菌用的化学制剂，其化学制剂浓度超过了安全饮用水的标准，不建议饮用但可以用于清洁。

（三）如何进行水净化处理

俗话说：人可三日无餐，但不可一日无水。当饮用水短缺，喝水成了一个问题的时候，你将面临使用和饮用溪水、河水以及被污染的水等无法确保安全的水源的挑战。如果想要使用无法确保安全的水，务必对其进行处理。

就像自来水厂对水源进行处理一样，要想确保安全，需要对水进行多种方法的综合处理，比如沉淀、过滤、吸附、杀菌等。

- 沉淀。如果家里有明矾，可以在水里投入明矾，促进水中的悬浮颗粒沉淀。
- 过滤。如果家里有干净的布和咖啡滤纸，可以用来过滤水中的杂质。
- 杀菌。

沉淀和过滤都是去除水中杂质的方法，但是要去除和杀灭水中的微生物和细菌，那就要用杀菌的方法。杀菌的方法一般有三种：

- 煮沸。最简便易行的是煮沸，将水煮沸满 3 分钟以上，然后将其冷却后即可饮用。对一般肠道传染病的病原体和寄生虫卵，经煮沸 3 ~ 5 分钟均可杀灭。
- 化学杀菌。将饮水消毒片放入水中进行杀菌是第二种简单易行的方法，你要确保家里的应急用品中有这个材料。漂白粉和家用漂白剂也可以起到杀菌的效果，但因其往往含有其他诸如香精、防褪色添加剂等化学制剂，所以请慎用。如果万不得已要使用，可以使用浓度为 5.25% ~ 6.00%的普通家用次氯酸钠漂白剂，按每升水 4 ~ 5 滴的比例在水中添加漂白剂，搅动然后静置 30 分钟后使用。
- 蒸馏。以上两种方法可以去除水中的大部分微生物，而蒸馏则可以去除以上方法不能去除的微生物（病菌）、重金属、盐和其他大部分化学物质。蒸馏需要将水煮沸，然后收集冷凝的水汽。冷凝的蒸汽不含盐分或其他大部分杂质。蒸馏时，装半壶水，在壶盖处绑上杯子，盖上壶盖并让杯口朝上（确保杯子不会掉到水里），将水煮沸 20 分钟，这样从壶盖滴到杯子里的水就是经过蒸馏的水。

参考文献

美国国土安全部，2010. 你准备好了吗？——公民应急准备指南［M］. 尚红，杜晓霞，隋建波，等，译. 武汉：中国地质大学出版社.

浙江省民政厅，2017. 避灾安置场所规划管理使用标准（试行）和避灾安置场所内救灾物资储备标准（试行）.

中国营养学会，2016. 中国居民膳食指南（2016 科普版）［M］. 北京：人民卫生出版社.

第五章　分阶段准备

灾前预防非常重要，希望你通过本书第一到第四章的阅读，能够了解如何做好灾前准备和预防的措施。

对不同的气象灾害，在灾害发生前、发生时、发生后所应采取的措施都是不同的，在本书第二篇（第六到十五章）会详细介绍针对暴雨、台风、雷电、高温、严寒、地质灾害等不同气象及其次生灾害在灾前、灾中、灾后的应对措施，通过这些内容的阅读，将有助于你更好地制定家庭应灾自救计划，做好灾害预防和应对。

尽管不同的灾害有不同的应对措施，但是对于绝大部分气象及其次生灾害来讲，有些措施是通用的。在灾前、灾中、灾后，做好以下几个方面非常重要。

灾前

- 学习气象及其次生灾害的有关知识，了解气象灾害预警信号的含义和防御措施；
- 识别和了解你所处区域的气象灾害风险和危险征兆；
- 制定家庭应灾自救计划；
- 了解你所处村（社区）的气象灾害应急预案（计划）；如果你的单位是气象灾害防御重点单位的话，那单位的气象灾害应急计划也需要了解；如果你是家长的话，了解学校应对气象灾害等的应急预案也非常重要；
- 了解避灾安置场所的大致位置和撤离转移路线；

- 准备和定期更新灾害应急用品；
- 购买有关保险。

灾中

- 实施应灾自救计划；
- 遵照政府的建议和部署；
- 帮助他人。

灾后

- 修理损坏的物品；做好相关消毒防疫工作；
- 采取措施以避免更大的损失；
- 经历重大灾害后，对心理造成影响的，要注重调节心理，接受心理疏导。

气象灾害防御人人有责

《浙江省气象灾害防御条例》第五条规定：公民应当学习气象灾害防御知识，关注气象灾害风险，增强气象灾害防御意识和自救互救能力。

如果说安全的防线像长城，那么我们每个人都是一块城砖，只有每一块砖都坚实牢固，这道安全防线才真正安全。让我们每一个人都树立起这样的意识：把灾难的代价预支为安全的成本，进而固化为生命的本能。

应对气象及其次生灾害

通过第一篇的阅读，你对应对灾害的基本准备是否有了一定的了解？第二篇将介绍暴雨、台风、雷电、严寒雪冻、高温热浪、气象干旱、雾和霾、风雹、地质灾害、森林火险等气象及其次生灾害的相关信息。气象及其次生灾害均属于自然灾害的范畴，其发生与某一地区的气候、地质特征等密切相关，因此，气象及其次生灾害通常都是可以预报和预警的。由于暴雨洪涝、台风、地质灾害等自然灾害每年都会对数以万计的人产生影响，因此，每个人都应该知道在气象及其次生灾害发生时自身所面临的风险并采取积极的应对措施来保护自己、家人和居住的家园。

通过第二篇的阅读，你将掌握

不同种类的气象及其次生灾害的气候特点、发生规律和风险；

了解气象灾害预警的相关信息；

能够在气象及其次生灾害发生时采取有效的自我保护措施；

了解更多获取气象及其次生灾害相关信息的途径。

第六章 暴雨洪涝

雨水可以滋润万物、浇灌农田，但是如果老天太任性，暴雨肆虐的话，那便从“好雨知时节”变成了“谁遣青天变漏天”，太多的雨水往往会引发洪涝、山洪、地质灾害等。本章除了让你读懂暴雨那些事之外，还会有助于你了解暴雨的危害，更重要的是有助于你掌握应对暴雨及其次生灾害的措施。

一、什么是暴雨

（一）暴雨究竟有多强

“倾盆大雨”“雨如决河倾”是老百姓和文学家对暴雨的认识，暴雨从字面讲有雨势强的意思，从气象上讲，24 小时降雨量达到或超过 50 毫米的称为暴雨，达到或超过 100 毫米的为大暴雨，达到或超过 250 毫米的就是特大暴雨了。当然短时间内降雨强度较大，1 小时或 3 小时降雨量分别达到或超过 20 毫米和 30 毫米，也是暴雨。下暴雨究竟可以下出多少水量呢？举个例子，若杭州出现了暴雨天气，以一天内 50 毫米雨量计算，其降雨量相当于 5.9 个西湖的水量。图 6–1 为浙江省暴雨洪涝风险区划。

浙江是暴雨多发频发的省份，每年 3—9 月是浙江雨季，从三月里的小雨到六七月的“梅雨时节家家雨”再到台风季节的狂风暴雨，这期间的雨水占了全年的 78%。对浙江而言，每年 5 月下旬到 6 月下旬为第一个暴雨高发期，降雨一般主要发生在丽水、温州、衢州等南部地区，为“浙南雨季”；第二个暴雨高发期一般出现在

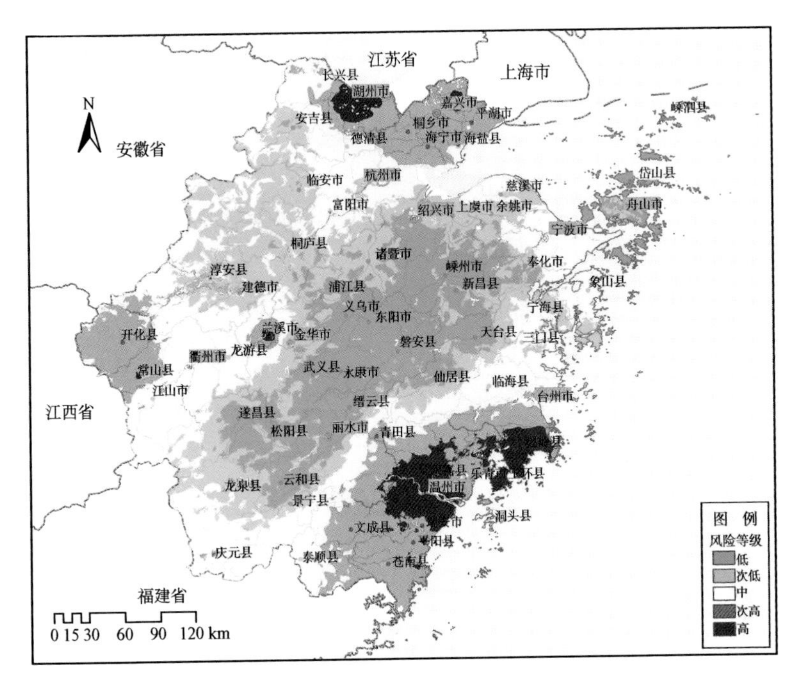

图 6–1　浙江省暴雨洪涝风险区划

6 月中旬到 7 月上旬，为“浙中北梅雨期”，主要发生在浙江北部、中部地区，“浙南雨季”和“浙中北梅汛期”合称“浙江梅汛期”，就是我们俗称的黄梅天；第三个暴雨高发期出现在台风季节（7 月中旬到 9 月），受台风的影响，浙江东部地区常会经历台风暴雨的侵袭。梅雨季和台风季是浙江最主要的暴雨季节，但影响程度东西南北中各异，住在浙江的你可以从图 6–2 中了解到你所处区域是梅雨影响严重区域还是台风暴雨的重点影响区域。

另外，在台风季节，浙江还会受到一种叫“东风波”系统引发的暴雨，主要发在沿海地区，其特点是暴雨时间短、受影响区域小、暴雨来势猛，而且多发生于夜间。

（二）暴雨是怎样形成的

通俗地说，暴雨是由于冷暖空气的交锋产生的，严格来看，暴雨的产生离不开三大因素（图 6–3）：

- 源源不断的充足水汽供应；

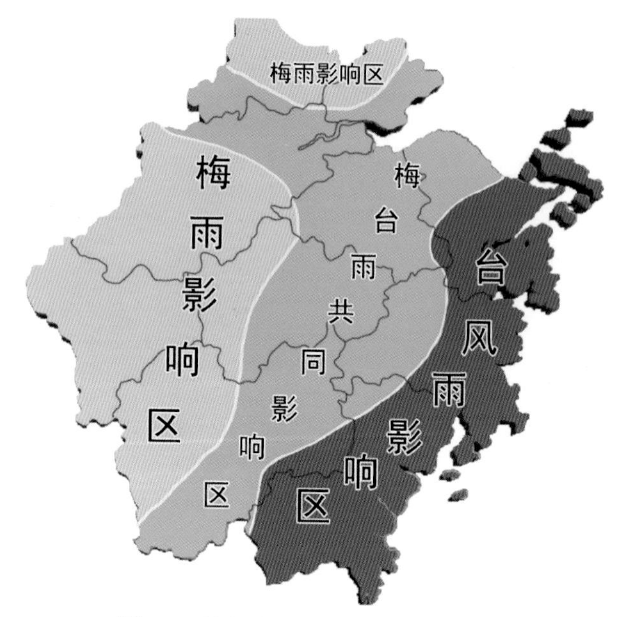

图 6-2　浙江省受梅雨与台风影响区域

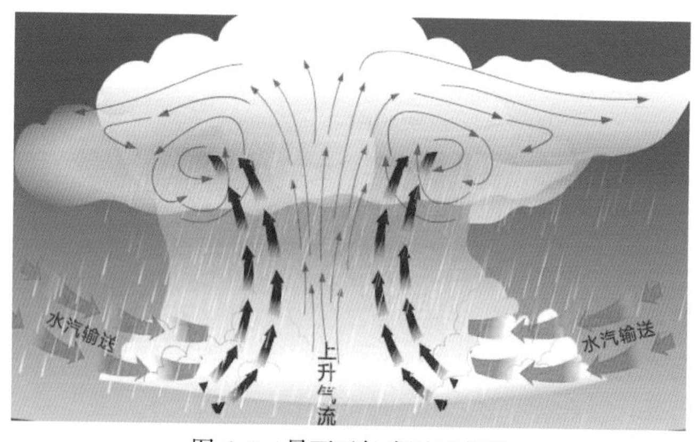

图 6-3　暴雨天气成因示意图

- 强盛而持久的上升气流；
- 不稳定的大气层结构。

大气中水汽的来源是浩瀚的海洋。一个地区的暴雨，特别是持续时间久、强度大的暴雨，单纯靠当地大气中现有的水汽含量是不够的，需要有源源不断的水汽输入。

即使有了丰沛的水汽，这些水汽又是如何上升到高空，然后变冷而凝结成雨滴的呢？水汽可以乘坐三类“电梯”升入高空（图 6–4）：

- 太阳的作用，炎热夏日，在太阳光的照射下，水面受热蒸发，变成水汽，通过对流作用进入低层大气中；
- 冷暖空气相遇形成的看不见的“斜面电梯”（气象学中称为锋面），使水汽“滑升”到上层大气；
- 山脉、高原等地形形成的天然“楼梯”，迫使水汽爬升进入高空。

图 6–4　使水汽升空的三种作用

台风暴雨的形成也无外乎要满足暴雨形成的基本条件，只是台风会产生更强的上升气流、携带更多的水汽，因而台风往往产生更强的暴雨（图 6–5）。

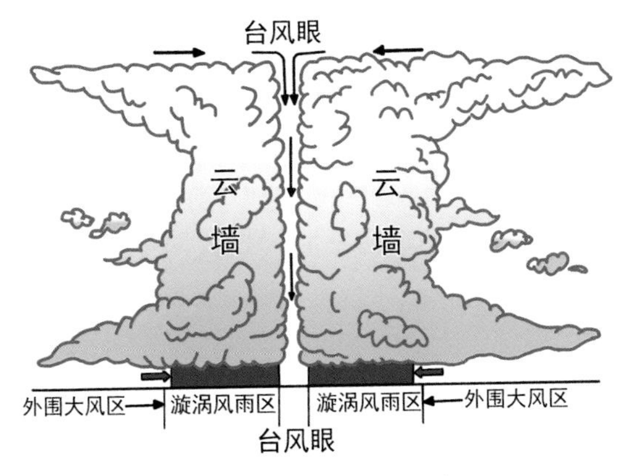

图 6–5　台风暴雨的形成

除此之外，暴雨还往往发生在强对流天气系统里，某地区热量充足同时大气“不安分”或有利的地形作用，会形成猛烈的上升气流导致暴雨倾盆。这种情况下产生的暴雨往往是短时暴雨，夏日午后的雷阵雨就属于这种情况。这样的降雨来势猛烈，持续时间又不

会太长，与几小时下 20 毫米的雨相比，10 分钟下 20 毫米的雨效果是很不一样的，这样的降雨难以在短时间内渗入地下，非常容易形成地表径流，从而引发山洪、泥石流等灾害。

你知道吗

暴雨与地形的关系

除了以上所说的暴雨形成三因素外，暴雨的形成与地形也关系密切，有些地形可以对暴雨推波助澜。由于山脉的存在，迎风坡迫使气流上升，从而垂直运动加大，暴雨增大；而在山脉背风坡，气流下沉，雨量大大减小，有的背风坡的雨量仅是迎风坡的十分之一。

2015 年 8 月 8 日台风“苏迪罗”在福建莆田登陆，浙江省处于台风北侧，温州、丽水、台州等地处于最强的东风急流中，雁荡山、括苍山、天台山东侧的迎风坡效应加剧了气流的抬升运动，使得雨量剧增，上述多地出现了百年不遇的暴雨。

二、暴雨灾害知多少

暴雨是一种自然的天气现象，但是由于降雨量较大，暴雨往往很容易造成洪涝灾害，同时随着城市化进程的加快，暴雨天气导致的城市内涝“看海”现象也时有发生。另外，对于住在山区的人来讲，还会面临暴雨诱发的山洪、泥石流等地质灾害的风险。

1．洪涝

暴雨是发生洪涝灾害的直接原因。洪涝是指因大雨、暴雨或持续降雨使低洼地区淹没、渍水的现象。洪水如猛兽，暴雨诱发的流域洪水，造成河流水位居高不下而引发堤坝决口，会造成城市、农田、道路被淹，通信、供电、供水中断，严重的甚至会造成人员伤亡。水能载舟亦能覆舟，洪水的力量不可小觑。如果一座房子遭遇 2 米深、20 米宽，流速稳定为 1 米/秒的洪水，其受到的冲击力相当于被 44 吨重的挂车每 15 秒撞击一次。

梅汛期洪涝和台汛期洪涝有什么不同？

梅汛期洪涝：梅雨是江淮地区初夏6—7月的一种气候现象，夏季风携带暖湿气流北上与南下冷空气在长江中下游地区“互不相让”而出现的连阴雨天气，此时正值江南梅子黄熟，俗称“黄梅雨”。对于浙江来讲，一般在每年的6月10日进入梅雨季节,7月10日梅雨季节结束,持续30天。从5月份进入多雨季节后，浙江局部性洪涝每年都会发生，一般来讲较明显的梅汛期洪涝出现的概率约三年一次。

台汛期洪涝：主要是由台风带来的暴雨形成的洪涝。台风是由异常强大的海洋湿热气团组成的，其经过之处暴雨狂泻，雨量可达数百毫米，有时甚至可达1000毫米以上，极易造成洪涝。对浙江而言，台汛期暴雨洪涝发生的概率高达70%，也就是平均3年中就有2年发生。

2．山洪

山洪是指山区溪沟中发生的暴涨洪水，可分为暴雨山洪、冰川山洪和融雪山洪。浙江省一般遭遇的是暴雨山洪，是由短时间内的暴雨引发的。浙江“七山二水一分田”，也就是说，山区分布非常广，在暴雨的影响下，山洪灾害多发频发。山洪来势凶猛，速度很快，所到之处，往往摧毁房屋、冲垮桥梁、杀伤力极大，让人猝不及防。

哪些地方是山洪易发区？

在山沟附近、溪河两边位置较低处、双河口交叉处、河道拐弯凸岸等地最容易遭到山洪威胁。在山洪易发区，遇到当地或上游地区的短时强降雨，就可能带来山洪袭击。特别需要引起重视的是，山洪可能是上游来水引起，所以尽管当地无明显降雨，但是上游地区发生强降雨也可能造成当地山洪。

3. 城市内涝

城市内涝是指由于强降雨或连续降雨超过城市排水能力，致使城市部分区域产生积水灾害的现象。造成城市内涝的主要原因是降雨强度大、范围集中，另外，城市排水系统标准低、建设滞后也是造成内涝的一个重要因素。城市内涝会造成房屋受淹倒塌、车辆被淹、交通瘫痪、道路中断等灾情。

4. 滑坡、泥石流等地质灾害

详见本书第十四章。

针对暴雨灾害，当地气象部门会发布暴雨预警信号，提醒公众进行防御。暴雨预警信号共分为蓝色、黄色、橙色、红色四个等级，由低到高表示暴雨强弱和影响程度等，以下是暴雨预警信号的图标（具体含义和防御指南见附录 1）：

1. 梅雨洪涝

1954 年梅雨季节，浙江省平均梅雨量 1143 毫米，是历年同期雨量的 1.9 倍，降雨量超过 1000 毫米的市、县超过全省一半以上面积。连续暴雨导致全省共发生洪水 9 次，冲毁农田 2 万多亩（1 亩 =1/15 公顷，下同），死亡 440 人。

1999 年浙江梅雨季来得早、去得晚，梅雨季比常年长约 20 天，梅雨总量大，而且集中在 6 月下旬，降雨区域主要集中在杭嘉湖地区和新安江流域。6 月 23 日至 7 月 1 日新安江流域累计平均降雨量达 481 毫米，最大七天洪水总量为 49.05 亿立方米，创历史实测纪录。为了避免更大的灾害，新安江水库从 6 月 30 日 12 时 30 分起实施了历史罕见的 8 孔泄洪措施。

1999 年新安江水库泄洪场景

2. 山洪灾害

2015 年 6 月 23 日受局地强降雨袭击，杭州临安市昌化、太阳、龙岗、河桥、湍口等乡（镇）局部发生小流域山洪和泥石流灾害，造成 1 万多人受灾，来势汹涌的山洪造成房屋受损倒塌、农田受淹，水电等设施也遭到严重破坏。

2015 年 6 月 23 日，杭州临安市发生山洪和泥石流灾害

3. 城市“看海”

2015 年 7 月 21 日早晨，杭州城区遭遇突如其来的暴雨天气，造成部分城区积水严重。此时正值上班早高峰，暴雨使拥挤的交通雪上加霜，

部分路段因暴雨积涝通行中断。上午7时至11时短短4小时内，杭州主城区累计平均降雨量38毫米，其中钱江新城降下了121毫米的暴雨，成了“看海”的“重灾区”。

2015年7月21日，杭州城区遭遇暴雨天气

三、暴雨洪涝应灾指南

（一）暴雨洪涝来临前

学会看征兆——洪涝来临前有哪些征兆

- 溪水、井水突然浑浊，地面突然冒浑水；
- 河流流速增大，水位上升；
- 上游吹来潮湿的风；
- 听到由远而近火车轰鸣般的水声；
- 动植物出现异常反应。

提前做准备——洪涝来临前应该做的准备工作

- 经常关注气象预报预警信息；
- 密切关注和了解所在区域的雨情、水情变化；
- 事先了解居住地所处的位置和山洪隐患情况；
- 确定好应急措施和安全转移的路线和地点；

- 洪水来临前请远离这些危险区域：危房及其周围地带、高墙附近、洪水淹没的下水道、马路两边的下水井、电线杆及高压线塔周围、化工厂及储藏危险品的仓库等。

（二）暴雨洪涝暴发时

- 在时间充裕的情况下，按照预定路线，有组织地朝山坡、高地等处移动；
- 若被洪水包围，可利用船只、木排、门板等做水上转移；
- 来不及转移的，立即爬上屋顶、大树、高墙，暂时避险，等待救援；
- 当车辆在水中熄火，应弃车求救；
- 遇山洪暴发，一定避免渡河，警惕滑坡、泥石流等灾害。

专家提醒

积水路段请谨慎行车

15 厘米深的水就会没过大部分轿车的底盘，从而造成汽车失去控制并可能导致熄火；

30 厘米深的水就可能使很多汽车漂浮起来；

61 厘米深的急流就可能冲走大部分的汽车，包括 SUV 和皮卡。

有些错误不要犯

- 不贸然跳水游泳逃生，可能造成体力不支；

- 不靠近高压线塔和折断的电线，要远离；
- 不要沿着行洪道方向跑，而要向两侧快速躲避。

该怎么办

深夜或凌晨遭遇山洪时

- 应立即迅速离开现场，就近选择安全地方落脚；
- 设法与外界联系，做好等待下一步救援的准备；
- 切不可心存侥幸或抢救财物而耽误避灾时机，造成不应有的人员伤亡。

山洪围困时

- 轻装转移，向与山洪方向垂直的两边山坡上爬，向两侧跑；
- 迅速向就近的山坡、高地、楼房等地转移，或立即爬上屋顶、大树、高墙等地方暂避，切记不可向低洼地带和山谷口转移。

专家提醒

内涝防触电

内涝时，不要冒险在有电力设施的路段淌水，如果必须淌水的话，一定要观察所通过的路段附近有没有电线掉落在水中。万一电线恰巧断落在离自己很近的地方，首先不要惊慌，更不能撒腿就跑，由于存在跨步电压，应单脚或双脚并拢跳离。

一旦遇到触电事故，你应用绝缘的物品或者用脚将触电者踹开，不要用手，以防自己也触电。

（三）暴雨洪涝发生后

- 避免接触残留的洪水，这些水可能被石油、汽油或污水污染，同时，这些水也可能由于接触地下电缆而带电；
- 建筑物内部由于洪水的破坏存在潜在危险，进入建筑物时应保持高度警惕；

- 远离仍然被洪水包围的建筑物；
- 避免在水流中行走；
- 应尽快修复损坏的化粪池、污水池、各类坑洼和过滤系统，以免对人身健康产生威胁；
- 暴雨过去了，但地质灾害可能随之而来，所以一定要确保安全再重返家园。

专家提醒

灾后注意防疫情

洪涝暴发时，水源可能受到污染，从而引发流行病。所以，饮用水要做好消毒工作，有条件的话可以进行净水过滤处理，并一定要烧开饮用。进入受洪水浸泡过的室内，应注意清洗家具、地板，清洗并消毒任何接触过洪水的物品。由于洪水后，蚊蝇鼠会大量增加，因此要减少感染机会，配合卫生防疫部门开展灭蚊蝇鼠工作。

（四）暴雨引发城市内涝，行车如何应对？

行车遇到暴雨怎么办？

- 涉水行驶谨记三原则：一看、二探、三通过。

  一看是看参照物，找到与自己车型相近的车辆，看看是否能安全涉水；

  二探是探水的深浅，当水深超过排气管或没过车轮胎中线时，不要冒险涉水；

  三通过是指要“缓踩油门，慢速过水”，应保持低挡位、稳住油门、缓慢入水、低速直行，切不可中途停车、换挡或急转方向。切忌大脚轰油门，以免水位推高或溅起的水灌进发动机造成车辆熄火；
- 若车辆在行驶中熄火，千万不要尝试再次启动，盲目的启动可能会导致发动机报废；

- 雨水将成为轮胎与地面之间的“润滑剂”，使摩擦系数变小，因此，开车时要平衡握住方向盘，保持直线和低速行驶，需要转弯时，应当缓踩刹车，以防轮胎抱死而造成车辆侧滑；
- 雨天行车时要开启示宽灯和雾灯，方便后车判断你的位置，减少追尾事故的发生；如遇暴雨视线极低，建议及时打开双闪灯，这样能有效提示周围车辆留意你的车辆和保持车距；
- 雨天车窗会起雾，可利用冷空调方法除雾；
- 雨天行车要注意文明，在经过水洼或者路上有行人的时候一定要减速行驶，以免溅起水花弄湿路人的衣服。

车辆水淹如何自救？

- 立刻打开车门逃生是最直接、快速的自救方法；
- 车下沉的速度非常缓慢，千万不要慌张。车门钢板被淹没1/5时，车里还没有水，非常轻松就可以打开车门，此时是逃生最佳时机；水淹没车门钢板1/2时，水的压力增大，但车门也能打开；
- 若门开不了，可从车窗逃生。如果带有天窗，应从天窗逃生，没有天窗的话应摇下侧窗玻璃或用硬物打穿玻璃逃生。一般而言，使用羊角锤敲击车窗的四个角能较快击碎玻璃。注意，前后挡风玻璃较难打破，应注意敲击侧窗。

暴雨过后，汽车受淹如何索赔？

- 暴雨洪涝等自然灾害造成的车辆损失属于商业车险中车损险的保险责任内容，因此，车辆被淹后产生的施救费用、清洗费用、电器损失、内饰件损失等保险公司应进行赔付；
- 必须投保了商业车险中的车损险才能得到赔付；
- 车辆如果因为水淹、二次启动等原因导致了发动机进水，那么修理发动机的费用在车损险项下是不赔的，对于水淹、二次启动导致的发动机进水损坏，保险公司有专门的“涉水险”进行承保；
- 向物业公司交纳了停车费用，与物业公司形成的是有偿保管的法律关系。如果物业公司疏于防范，没有尽到必要的注意或者管理

义务，导致车辆受损，物业公司应该对车主承担损害赔偿责任；如果因为排水系统在设计之初就无法满足排水的需要，导致地下车库进水汽车受损，那么，对于已经购买了地下停车位的车主来说，可以根据相关法律要求开发商承担一定的赔偿责任。

参考文献

樊高峰，2011．浙江省气象灾害防御规划研究[M]．北京：气象出版社：19–23．

王镇铭，杜惠良，杨诗芳，等，2013．浙江省天气预报手册[M]．北京：气象出版社：161–205．

美国国土安全部，2010．你准备好了吗？——公民应急准备指南[M]．尚红，杜晓霞，隋建波，等，译．武汉：中国地质大学出版社．

浙江省人民政府应急管理办公室，浙江省科学技术厅，浙江省地震局，等，2005．公众防灾应急手册[M]．杭州：浙江人民出版社．

相关网站

http://www.weather.com.cn

https://www.baidu.com

http://www.122.cn

https://baike.baidu.com/item/%E8%BD%A6%E6%8D%9F%E9%99%A9/8477479?fr=aladdin

http://www.sohu.com/

http://tv.people.com.cn/

https://baike.baidu.com/item/%E6%B6%89%E6%B0%B4%E9%99%A9/1739708?fr=aladdin

https://zhidao.baidu.com/question/342848199.html

第七章　台　风

浙江是中国受台风影响最严重的省份之一。台风带来的强风、暴雨和风暴潮破坏力极大，其所经之处往往遍地狼藉，满目疮痍，导致大批房屋、建筑被毁，城镇、农田受淹，电力、交通、通信中断，甚至造成人员伤亡。随着社会和科技的发展，台风可“防”可“控”的力度在不断增强，但同样“量级”的台风造成的损失会因为重视预防的认识不一，而差别巨大。通过本章的阅读，你可以了解如何在威力巨大的台风面前进行防御和自救。

一、什么是台风

（一）台风是浙江的常客

台风是指热带海洋大气中的一种急速旋转的涡旋，我们称之为热带气旋。热带气旋按其中心附近最大风速划分为热带低压、热带风暴、强热带风暴、台风、强台风、超强台风六个等级（表 7–1）。严格来讲，台风是指中心附近最大风力达到 12 级及以上的热带气旋。但通常，我们习惯把热带风暴以上的五个等级的热带气旋统称为台风。

影响浙江的台风大都来自西北太平洋，也有少部分来自中国南海。平均每年有 3 ～ 4 个台风影响浙江，其中登陆台风年均 0.6 个；每年 7—9 月是浙江台风登陆的集中期，有 90% 以上的台风都在这个时段登陆。影响浙江的台风主要有三个特点：

表 7-1　中国热带气旋等级划分标准

热带气旋等级	底层中心附近 最大平均风速（米 / 秒）	底层中心附近 最大风力（级）
热带低压	10.8 ～ 17.1	6 ～ 7
热带风暴	17.2 ～ 24.4	8 ～ 9
强热带风暴	24.5 ～ 32.6	10 ～ 11
台风	32.7 ～ 41.4	12 ～ 13
强台风	41.5 ～ 50.9	14 ～ 15
超强台风	≥ 51.0	≥ 16

台风与飓风

台风和飓风都是热带气旋。一般来说，在西太平洋和中国南海上生成的热带气旋被称作台风，在东太平洋和大西洋上生成的热带气旋被称作飓风，两者皆属于北半球的热带气旋，只不过因为产生在不同的海域，而被不同的国家使用了不同的称谓而已，其实是一回事。

1．强度强

登陆浙江的台风往往是从海上长驱直入，登陆时能量没有受到损耗，因此，强度往往是较强或最强的台风。与中国其他沿海省份（不包括台湾）相比，在浙江登陆的台风强度总体最强，如 2006 年登陆的第 8 号超强台风“桑美”是 1949 年以来登陆中国大陆最强的台风。再加上浙江特殊的地形和海岸线的走向，更易加剧台风带来的风雨影响。

2．个数多

除了直接在浙江登陆的台风对浙江会造成影响，登陆福建中北部的台风往往对浙江影响也很大，有时甚至大于对福建的影响。1949—2016 年，影响浙江的台风共有 222 个，其中登陆浙江的有 43 个，另外登陆福建 80% 的台风和登陆广东 20% 的台风都对浙江造成了影响。

3．灾情重

根据史料不完全记载，浙江历史上至少遭受17次死亡人数达万人以上的台风灾难。1956年受12号台风影响，浙江死亡人数达4925人，倒塌房屋71.5万间，这是新中国成立以来全国影响最严重的台风。2004—2006年，先后有“云娜”“卡努”“桑美”三个台风在浙江登陆，造成浙江经济损失均超百亿元，平均死亡人数超百人。图7-1为浙江省台风风险区划。

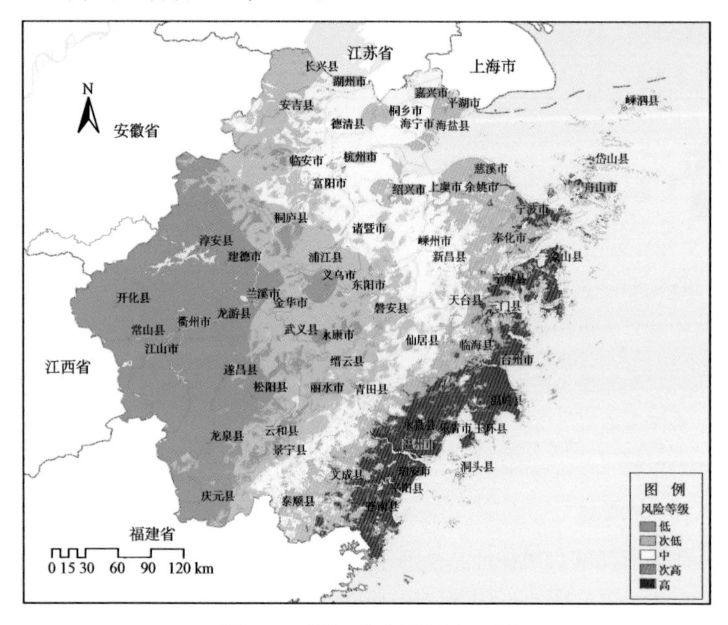

图7-1　浙江省台风风险区划

（二）台风的一生有四个阶段

1．孕育阶段

经过太阳的照射，海面上形成了强盛的积雨云，这些积雨云里的热空气上升，外围空气源源不断地补充流入，再次遇热上升，如此循环，使得上方的空气热、下方空气冷，上方的热空气里的水汽蒸发扩大了云带范围，云带的扩大使得这种运动更加剧烈。经过不断扩大的云团受到地转偏向力影响，逆时针旋转起来（在南半球是顺时针），形成热带气旋，热带气旋里旋转的空气产生的离心力把空气都往外甩，中心的空气越来越稀薄，空气压力不断变小，形成了热带低压，也就是台风的胚胎。如图 7–2 所示。

图 7–2　台风孕育阶段示意图

2．增强阶段

因为热带低压中心气压比外界低，所以周围空气涌向热带低压，遇热上升，供给了热带低压较多的能量，这些能量超过了输出能量。此时，热带低压里空气旋转更厉害了，中心最大风力增大，中心气压进一步降低。等到中心附近最大风力达到一定标准时，就会提升到更高级别，热带低压提升到热带风暴，再提升到强热带风暴、台风，有时能提升到强台风甚至超强台风（图 7–3）。当然这要看能量输入与输出比，输入能量大于输出能量，台风就会增强，反之就会减弱。

图 7–3　台风增强阶段示意图

3．成熟阶段

台风经过漫长的发展之路，变得强大，具备了超强的破坏力，如果这时登陆，就会造成重大损失（图 7–4）。

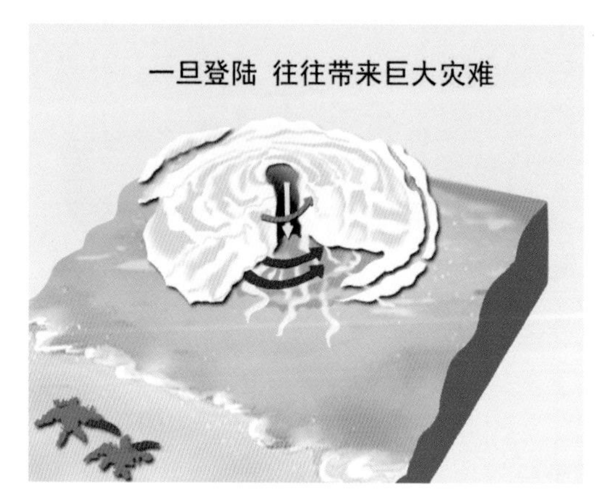

图 7–4 台风成熟阶段示意图

4．消亡阶段

台风消亡的方式有两种：一种是台风登陆后，受地面摩擦和能量供应不足的共同影响，会迅速减弱消亡；第二种是台风在东海北部转向，登陆韩国或穿过朝鲜海峡之后，在日本海变性为温带气旋，变性为温带气旋后，消亡较慢。

专家解读

台风也有名字！

人们对台风的命名真正是从 21 世纪初开始的，之前采取编号方法命名。1998 年亚太经社理事会台风委员会第 31 届会决定，西北太平洋和南海的热带气旋采用具有亚洲风格的名字命名，并决定从 2000 年 1 月 1 日起开始使用新的命名方法，确立一张新的命名表，旨在帮助人们防台抗灾、加强国际区域合作。同时，编号方法仍继续使用。

此次命名共有 140 个名字，分别由世界气象组织所属的亚太地区 14 个成员国或地区提供，按顺序分别是柬埔寨、中国、朝鲜、中国香港、日本、老挝、中国澳门、马来西亚、密克罗尼西亚联邦、菲律宾、韩国、泰国、美国、越南等14个成员提供，每个成员提供10个名字，140个名字循环使用。

但遇到特殊情况，命名表也会做一些调整，例如当某个台风造成了特别重大的灾害或人员伤亡而声名狼藉，成为公众知名的台风后，为防止它与其他台风同名，这个名字将被剔除，然后再对热带气旋名称进行增补。

二、台风破坏力十分巨大

台风是一种破坏力很强的灾害性天气，伴随台风出现的风、雨、潮，会引起海堤决口、船只损毁沉没、屋舍倒塌、农作物受淹倒伏，破坏交通、电力、通信设施，台风暴雨还会引发泥石流、滑坡以及山洪灾害等。台风的破坏力主要体现在强风、暴雨和风暴潮。

（一）强风

台风是一个巨大的能量库，其中心最大风速都在17米/秒以上，甚至在60米/秒以上。据测，当风力达到12级时，垂直于风向平面上每平方米风压可达230千克。在如此强大风力的作用下，海上船只很容易被吞没而沉入海底，陆上建筑物也会横遭摧残，从而引起人员伤亡，而农作物可以被一扫而光（表7–2）。

表7–2 台风中心风速与对应的破坏程度

台风级别	中心风速（米/秒）	破坏程度及对象
热带风暴	17.2 ~ 24.4	轻度：树叶飞天
强热带风暴	24.5 ~ 32.6	中度：树木被吹断，可移动屋顶、小型设施等，有时伴有山洪
台风	32.7 ~ 41.4	重度：房顶被吹，树木、电杆被吹倒，低洼地区道路被毁
强台风	41.5 ~ 50.9	极重：房屋被破坏，树木、电杆大量倒伏，道路被毁，沿海地区房屋可能被冲毁
超强台风	≥ 51.0	灾难性：大面积建筑和植被被破坏，主要道路被毁，城乡陷入瘫痪

（二）暴雨

台风是非常强的降雨系统。一次台风登陆，降雨中心一天之内可降下 100 ~ 300 毫米的大暴雨，有时甚至可达 500 ~ 800 毫米。台风暴雨造成的洪涝灾害，是最具危险性的灾害。由于台风暴雨强度大，洪水出现频率高，波及范围广，来势凶猛，破坏性极大（有关洪涝危害详见第六章）。

（三）风暴潮

所谓风暴潮，就是当台风移向陆地时，由于台风的强风和低气压的作用，使海水向海岸方向强力堆积，潮位猛涨，水浪排山倒海般向海岸压去。强台风的风暴潮能使沿海水位上升 5 ~ 6 米。若风暴潮与天文大潮高潮位相遇，产生高频率的潮位，导致潮水漫溢，海堤溃决，冲毁房屋和各类建筑设施，淹没城镇和农田，造成大量人员伤亡和财产损失。风暴潮还会造成海岸侵蚀，海水倒灌造成土地盐渍化等灾害。

不过，台风带来的降水，也能起到缓解高温和干旱的作用。

1949 年以来浙江十大登陆台风如表 7–3 所示。

表 7–3　1949 年以来浙江十大登陆台风

台风编号	出现年份	登陆浙江时情况				浙江灾情	
		登陆时间	登陆地点	登陆时台风强度	登陆时中心最大风力（级）	死亡人数（人）	当年直接经济损失（亿元）
5612	1956	8 月 1 日	象山	超强台风	17	4925	1.5
6126	1961	10 月 4 日	三门	台风	13	337	2.5
9015	1990	8 月 31 日	椒江	台风	12	80	27.0
9417	1994	8 月 21 日	瑞安	台风	13	1126	177.6
9711	1997	8 月 18 日	温岭	台风	13	236	197.7
0414	2004	8 月 12 日	温岭	强台风	14	185	181.28
0509	2005	8 月 6 日	玉环	强台风	14	5	89.1
0515	2005	9 月 11 日	路桥	强台风	15	24	155.0
0608	2006	8 月 10 日	苍南	超强台风	17	193	127.37
1211	2012	8 月 8 日	象山	强台风	14	0	236

● 强台风“云娜”于 2004 年 8 月 12 日在浙江温岭登陆，登陆时近中心最大风力 14 级。受“云娜”影响，浙江沿海海面出现长时间 12 级以上的大风，最大瞬时风速出现在大陈岛达 58.7 米 / 秒，最大降雨量为乐清市的砩头达 916 毫米。高强度的降雨，造成乐清等地发生特大泥石流和山体滑坡（图 7–5）；全省总计倒塌房屋 6.43 万间，死亡 185 人，直接经济损失 181.28 亿元。

图 7–5　温州乐清山区发生特大泥石流灾害

● 超强台风“桑美”于 2006 年 8 月 10 日在浙江苍南登陆，该台风是 1949 年以来登陆中国大陆强度最强的台风。受“桑美”影响，苍南霞关测得 68.0 米 / 秒的最大瞬时风速，最大降雨中心在苍南昌禅达 606 毫米（图 7–6）。全省受灾 345.5 万人，倒塌房屋 3.9 万间，因灾死亡 193 人，

图 7–6　狂风造成温州苍南渔寮乡房屋倒塌

失踪 11 人，直接经济损失 127.37 亿元。

● 强台风“菲特”于 2013 年 10 月 7 日在浙闽交界处登陆，因其北侧云系范围宽广，后期又与冷空气结合，给浙北地区带来特大暴雨。受“菲特”影响（图 7–7），浙江多地阵风超过 17 级，石砰山测得 76.1 米 / 秒，创浙江瞬时大风纪录；全省有 43 个县累计雨量超过 500 毫米，安吉天荒坪达 1056 毫米。“菲特”给浙江造成严重影响，因灾死亡 7 人，失踪 4 人，直接经济损失 275.58 亿元。

图 7–7　杭州西湖水位逼近警戒线

针对台风灾害，当地气象部门会发布相应的台风预警信号，共分为蓝色、黄色、橙色和红色四个等级，由低到高表示台风不同的影响程度和相应的防御措施（详细内容见附录 1）。

专家解读

除了台风预警信号，还有其他台风预警信息？

气象部门根据台风位置和台风可能产生的影响，在预报时采用“消息”“海上警报”“警报”和“紧急警报”等形式向社会发布，影响程度从低到高，也就是当气象部门发布台风紧急警报的时候，说明台风即将影响而且带来的风雨影响严重。公众应密切关注台风预警信号以及其他预警信息和媒体有关台风的报道，及时采取防御措施。另外，《台风报告单》也是台风预警服务产品的一种，你可以登录“浙江天气网”获取。

三、台风应灾指南

（一）台风影响前

- 制定应灾计划，准备应灾必备工具和应急用品，熟悉距离家最近的避灾安置场所和撤离路线；
- 如果你居住在台风高风险区域，建议安装永久性防风门窗或在门窗上加装防风板，采用防台风加固施工工艺安装屋面瓦或用石块镇压屋瓦；
- 清理雨水槽和排水沟内可能引起堵塞的杂物；
- 庭园花木用支架保护，修剪房屋周围的树枝，以防折毁或损坏屋瓦；
- 关闭非必要门窗，收起阳台上的东西，紧固易被风吹动的物体；
- 检查电路、炉火、煤气等设施是否安全；
- 若你处于危旧房屋或可能受淹的低洼地区，要及时转移；
- 不要参与露天集体活动或室内大型集会；
- 选择合适的方式和地点来固定船只；
- 不要到台风经过的地区旅游或海滩游泳，更不要乘船出海；
- 随时通过权威媒体关注台风预报预警信息，不要听信和传播谣言。

你知道吗

图 7-8　浙闽的沿海居民采用在屋瓦上压石头镇瓦来防止台风将屋顶掀起

图 7–9　浙江温州和台州地区的沿海居民用木条加固窗户，以防止被强风吹坏

（二）台风影响时

- 随时关注广播、电视、网站等各类媒体传播的最新台风信息；
- 尽可能不要外出，若外出的也尽快回家；
- 将浴缸和其他大型容器盛满水，以确保有足够的水来清洁卫生，如冲洗厕所；
- 如发现突然断电，要立马把电脑、电视等电器的插头拔掉；
- 如家中进水，趁早把木制家具、电器等垫高，避免泡水；食物也要放在高处；
- 听从当地政府部门的安排，尽快离开危险区域，并尽量和朋友、家人一起转移到地势比较高的坚固房子或政府指定的避灾安置场所；
- 如在室外，要远离临时建筑物、围墙、电线杆、广告牌等有可能坍塌的物体；

- 发现高压线铁塔倾倒、电线低垂或断折，千万不要接近，更不要用手去触摸；
- 不得冒险趟过湍急的河沟，行车过程中放慢速度，避免低洼路段；
- 雨变小时出行，最好穿雨衣，避免使用雨伞，弯腰前行，注意高空坠物。

遇到以下情况应及时撤离

- 当地方政府要求撤离时，应遵循指导并积极配合；
- 当居住在移动房屋或临时建筑物内时；
- 在海边、泛洪区、河边或内陆泄洪区内时；
- 感觉自己处于危险中时。

（三）台风影响后

- 持续关注官方媒体发布的最新消息，原居住地宣布安全时，才可返回；
- 不要接近山体滑坡、泥石流等地质灾害隐患点，千万不要涉足危险和不熟悉的地方；
- 遇到路障或道路被洪水淹没，要绕道而行，切记不能走不坚固的桥；
- 对于断落电线，要及时向电力部门或政府热线报告，千万不要触碰；
- 不要开车进入洪水暴发区域，要行走在地面坚固的地方，并要注意防止涉水触电；
- 台风暴雨引发的洪水未完全退却前，不要到淹没地点围观，不要到易被淹没的地带活动；
- 回到住所时，仔细检查煤气、水、电路的安全性，在煤气、电路安全检查之前，要使用手电筒，不要使用蜡烛等明火照明；
- 不吃不卫生的食物和水，食物要煮熟后吃；
- 不要忘记灾后防疫，做好周围卫生消毒打扫工作。

该怎么办

如果你在海上遇到台风

- 台风来临前，船舶应听从指挥，立即到避风场所避风；
- 万一躲避不及或遇上台风时，应及时与岸上有关部门联系，争取救援；
- 等待救援时，应主动采取应急措施，如停（滞航）、绕（绕航）、穿（迅速穿过）；
- 如果落水可能性很大，要及时穿好救生衣，备好淡水、食品和通信工具，并记录下自己落水的准确地理坐标，以便为搜救人员提供准确的位置；
- 落水后要减少身体的活动量，保持体温，等海面上的风浪减小后，及时发出求救信号，等待救援；
- 强台风过后不久的风浪平静，可能是台风眼经过时的平静，此时泊港船主千万不能为了保护自己的财产，回去加固船只。

参考文献

董加斌，胡波，2007．浙江沿海大风的天气气候概况［J］．台湾海峡，**26**（4）：63–70.

国家减灾委员会，中华人民共和国民政部，2009．全民防灾应急手册［M］．北京：科学出版社.

美国国土安全部，2010．你准备好了吗？——公民应急准备指南［M］．尚红，杜晓霞，隋建波，等，译．武汉：中国地质大学出版社.

王镇铭，杜惠良，杨诗芳，等，2013．浙江省天气预报手册［M］．北京：气象出版社.

浙江省气象学会，浙江省气象老科学技术工作者协会，2013．防御台风气象科普文章选编.

浙江省气象志编纂委员会，1999．浙江省气象志［M］．北京：中华书局.

浙江省人民政府应急管理办公室，浙江省科学技术厅，浙江省地震局，等，2005. 公众防灾应急手册 [M]. 杭州：浙江人民出版社.

中国气象局，2007. 地面气象观测规范 [M]. 北京：气象出版社.

周福，陈海燕，娄伟平，等，2011. 浙江台风灾害评估与区划 [M]. 杭州：浙江科技出版社.

朱乾根，林锦瑞，寿绍文，等，2000. 天气学原理与方法 [M]. 北京：气象出版社.

相关网站

http://www.weather.com.cn/

http://www.tianqi.com/

http://www.xinhuanet.com/

第八章　雷　电

雷电经常发生却神秘莫测，震撼人心也危害重重。自古以来，人类对雷电始终怀有敬畏之心，“雷公电母”“上帝发怒”，这些都曾经被认为是产生雷电的原因。直到富兰克林著名的“风筝实验”，人类才逐渐揭开了雷电的神秘面纱。你知道吗？亿万年来，雷电不断向土壤中补充氮肥，还会产生大量的负氧离子和臭氧分子，是天然的“空气净化器”。但是，雷电也常常造成灾害，对人类生活构成威胁。雷电究竟是什么，面对雷电，我们如何保护自己，更多有关雷电的问题，都将在这一章中找到答案。

一、什么是雷电

（一）雷电是一种剧烈的天气现象

雷电是伴有闪电和雷鸣的放电现象，是发展旺盛的强对流天气的产物。雷鸣与闪电相伴而生，但因为声音传播的速度远远慢于光速，因此，我们一般是看见了闪电后，才闻雷声。人耳可闻雷声的范围约 15 千米。看到闪电与听到雷声的时间间隔越短，说明雷电离你越近。雷电的出现一般伴随着降雨，有时还会出现大风、冰雹和龙卷等强烈的天气现象。

浙江省地处东南沿海，雷电天气较为多发。6—8 月雷电活动最频繁，七成以上的雷电发生在午后及傍晚。

图 8-1 为浙江省雷电灾害风险区划。

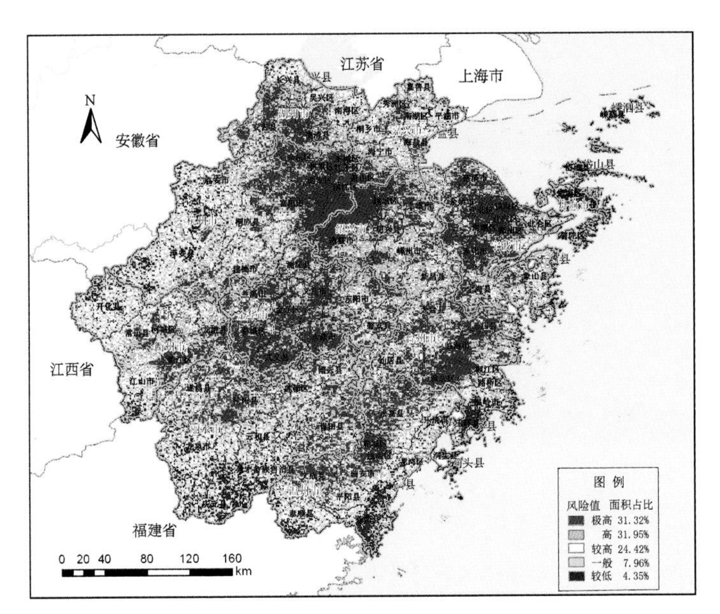

图 8–1　浙江省雷电灾害风险区划

雷电知多少

在浙江省，雷电的发生夏季多，冬季少。夏季，浙江省每天发生的闪电少则数次，多则数万次。产生雷电的强对流天气持续时间从几十分钟至数小时不等，影响范围几千米到几百千米不等，每分钟闪电数可高达数百次。

（二）雷电是怎样产生的

总体而言，雷电的起因是雷暴云带电，即雷暴云的不同部位分别积聚正电荷和负电荷。带电的雷暴云对大地或者地物产生放电，就是我们通常见到的闪电，这一类闪电有一个更专业的名字，叫作“地闪”。依据发生部位的不同，闪电分为云闪和地闪两大类（图 8–2）。

- 云闪是在云中、云空之间或云与云之间不同的荷电中心产生的放电现象；
- 地闪是在云与大地或地物之间产生的放电现象。

云闪的发生频率更高，但地闪易对地面物体造成严重威胁，因

图 8–2　云闪与地闪

此与人类关系最为密切。

那么，雷暴云为什么会带电呢？雷暴云内部的起电机理十分复杂，与云的高度、云内温度、云的结构、气流条件等因素有关。雷电天气的产生需要特定的条件：比如，闷热的夏季午后，由于地表增热不均且大气对流旺盛极易发生雷阵雨；山区由于地形的关系也容易发生雷电。

二、雷电灾害触目惊心

雷电瞬间释放巨大能量，不仅放电电压高（几万伏至几十万伏）、电流幅值大（几万安培至几十万安培），还会产生炽热的高温、猛烈的冲击波和强烈的电磁辐射。因此，雷电常常造成人畜伤亡、建筑物损毁，还会引发火灾和爆炸，并对电力、通信和计算机等系统造成危害。雷电的危害形式主要可分为两大类：

- 第一类是直接雷击，主要由于雷电的热效应、电效应和机械力效应等对人体、建筑物、电子设备等造成直接损伤；
- 第二类是间接雷击，主要由于静电感应和电磁感应导致线路、电器、电子设备等损坏，甚至引发火灾和爆炸。

据不完全统计，自 2000 年以来，浙江省平均每年有 35 人因遭受雷击受伤或死亡，90% 以上的雷击伤亡事件发生在户外，农田、树下、山地、水域附近都是容易遭受雷击的地点。因此，户外人员防雷安全非常重要。

针对雷电灾害，当地气象部门会发布雷电预警信号，有黄色、橙色、红色三个等级，由低到高表示雷电活动的强弱或者雷电活动伴有的风雨影响程度，以下是雷电预警信号的图标（具体含义和防御指南见附录1）。

专家解读

雷电是如何伤人的？

雷击造成人身伤亡主要有四种途径：直接雷击、接触电压、旁侧闪络和跨步电压。

- 直接雷击：人体作为闪电的直接放电对象；
- 接触电压：人体接触有雷电流经过的物体（例如大树、电线杆、水管或各类金属管线等）；
- 旁侧闪络：当人与被雷击中的物体较近，雷击对象与人体之间的空气会被击穿而放电；
- 跨步电压：如果人体位于落雷点附近，因两脚之间具有一定电位差而导致电流流经身体。

为什么雷电会损坏家里的电器？

- 建筑物内的电力线路或家用电器等电子设备会受到附近雷电的电磁辐射干扰；
- 雷电的感应过电压可能沿无线电天线、架空线、电缆外皮或者各类金属管线传入仪器设备，造成各类电器、电子设备和精密仪器等损坏；
- 引下线、接地装置等用于泄放雷电流的装置对其周围的金属物体、设备或线路可能由于巨大电位差而产生反击，导致家用电器、仪器设备等损坏。

2004 年台州临海特大雷灾事故

2004 年 6 月 26 日，台州临海市杜桥镇杜前村发生了一起特大雷灾事故，为浙江省新中国成立以来最严重的一次雷击伤亡事件。当日 14 时，30 人在树下避雨时遭受雷击，造成 17 人死亡、13 人受伤（图 8-3）。

——高大的、孤立的树木极易遭受雷击，雷雨天气时切忌在树下避雨。

图 8-3　2004 年台州临海雷灾事故

2008 年杭州淳安重大雷灾事故

2008 年 6 月 23 日 18 时，杭州淳安县文昌镇丰茂村的个体经商者驾驶顶部为白铁皮的木制挂机船到“杨梅岛”购运杨梅，在即将靠岸时被雷电击中，机舱内的 3 人死亡，4 人受伤（图 8-4）。

——水域及其附近易遭受雷击，雷电天气时切忌游泳、划船、钓鱼等水上活动。

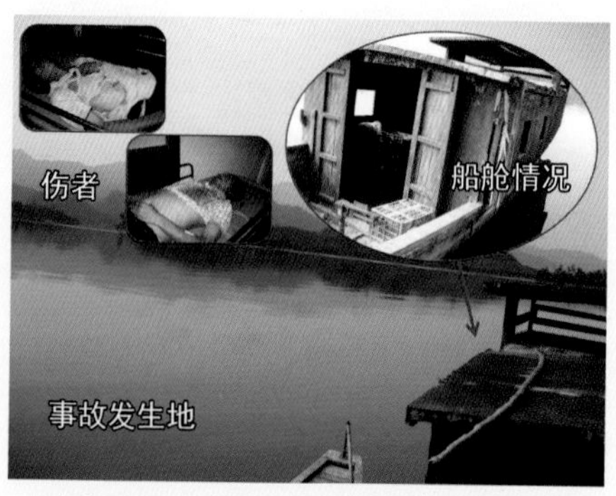

图 8-4　2008 年杭州淳安雷灾事故

三、雷电应灾指南

（一）雷电天气发生前

- 及时关注气象部门发布的预报预警等相关天气信息；
- 确保你所处的或与你相关的建筑物（包括自建房、厂房、办公楼、高层住宅、大型场馆等）有完善的防雷措施；
- 如有类似下列疑问，可咨询当地气象部门：

  我的自建房避雷针的高度合适吗？

  这个凉亭如何设置引下线？

  屋顶的太阳能热水器、空调外机需要防雷吗？

  哪里需要安装 SPD（浪涌保护器）？

  仓库如何做有效的等电位连接？

（二）雷电天气发生时

雷击是具有选择性的，避免成为并远离容易遭受雷击的对象，可以降低雷击人身伤亡的概率。因此，当雷暴天气来临时，请按照图 8–5 指示内容进行防护，户外避雷姿势见图 8–6，并牢记“防雷十个不”。

专家解读

“避雷针”会引雷吗？

是的，“避雷针”实质是“引雷针”。雷暴云下方的大地或地物会由于静电感应作用而积聚电荷，根据尖端放电原理，避雷针与雷暴云之间的空气更容易被击穿而产生放电。雷电流通过避雷针、引下线和接地装置散入大地，从而达到保护建筑物的目的。避雷针是比较常见的一种接闪器，另外还有避雷带、避雷网、架空避雷线等多种接闪器。引下线和接地装置是将接闪器上强大的雷电流引入大地并使其迅速流散的装置。接闪器、引下线和接地装置统称为“外部防雷措施”，可以防止或减少直接雷击造成的损失。此外，还有等电位连接系统、屏蔽系统、合理布线系统、共用接地系统和浪涌保护器等“内部防雷措施”保护建筑物内部的电子信息系统和人身安全。

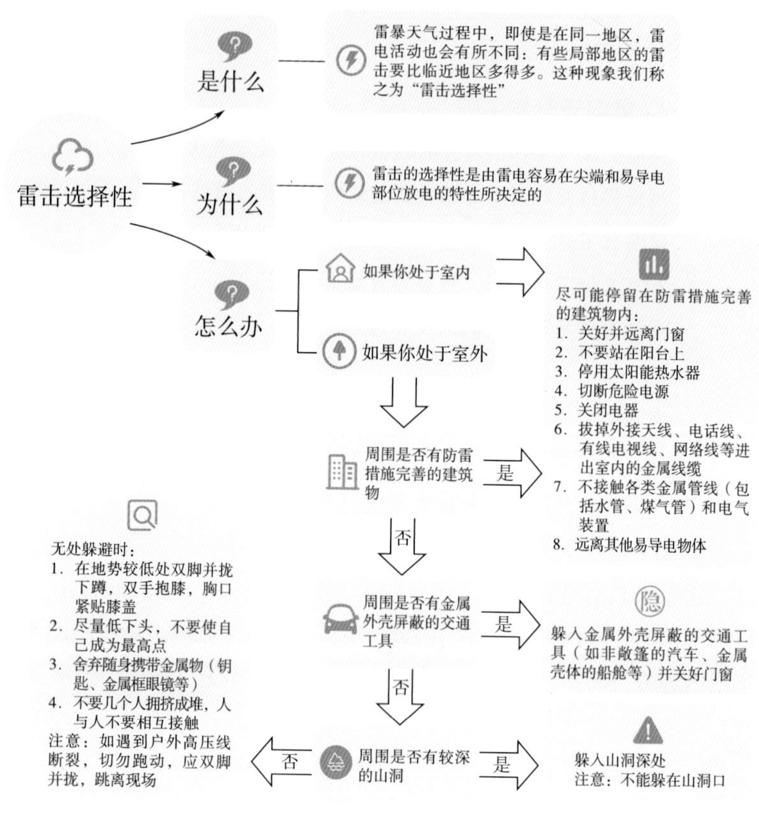

图 8-5　雷击选择性

图 8-6　户外避雷姿势

“防雷十个不”

- 不能停留在山脊、山坡、建筑物顶部等地势较高和旷野突出地带；
- 不能停留在高塔、烟囱、电杆、旗杆、高耸的广告牌、大树等高耸突出物体附近；
- 不要在凉亭、帐篷、潮湿简易的工棚和畜棚等孤立、突出在旷野的建筑物内避雨；
- 不要接触金属管线、屋顶天线、太阳能热水器、金属门窗、金属幕墙等各种外露金属体；
- 不宜在排出导电尘埃、废气热气柱的厂房或管道附近停留；
- 不要撑金属尖端的雨伞，不要把铁锹、高尔夫球棍等金属杆物扛在肩上，不宜使用手机；
- 不要从事游泳、划船、钓鱼、稻田作业等水上运动及作业，也不宜在河流、池塘等水域附近停留；
- 多人一起在野外时，不要挤在一起，应适当间隔几米距离；
- 不要进行户外球类、攀爬骑驾等运动；
- 不要在旷野骑车或开摩托车赶路，打雷时切忌狂奔。

（三）雷电天气发生后

- 对遭雷击的受伤者，首先判断其意识；
- 若伤者意识清醒，则就地平卧并严密观察，防止继发休克或心衰；
- 若伤者失去意识，但仍有呼吸和心跳，应让伤者舒适平卧、通畅气道，安静休息并拨打120等待急救；
- 若伤者已经停止呼吸或心跳，应迅速拨打120，由专业人员对受伤者进行有效的处置和抢救（实施心肺复苏），在送往医院的途中也不要中止心肺复苏的急救（关于心肺复苏的方法，详见第二章）；
- 雷击还可能造成烧伤；

若建构筑物、仪器设备等遭受雷击，可向气象等相关部门申请进行雷电灾害调查，进一步完善防雷措施。

你知道吗

人被闪电击中以后，人体是不带电的，不要因害怕而不敢触碰，需立即组织现场抢救，争取时间；

通常遭受雷击的伤者会发生心脏停跳、呼吸停止等现象，但实际上这是“雷击假死”现象，只要抢救及时，多数人是可以恢复的；

处理雷击伤时，应注意有无其他损伤，对症采取抢救措施；

如果雷击引起火灾，应迅速切断电源，拨打119，用干粉灭火器灭火。

参考文献

陈渭民，2003．雷电学原理［M］．北京：气象出版社．

罗书练，郑萍，2012．突发灾害应急救援指南［M］．北京：军事医学科学出版社．

美国国土安全部，2010．你准备好了吗？——公民应急准备指南［M］．尚红，杜晓霞，隋建波，等，译．武汉：中国地质大学出版社．

四川省建设厅，2004．GB50343—2004 建筑物电子信息系统防雷技术规范［S］．北京：中国建筑工业出版社．

中国灾害防御协会，2014．谨防惊雷闪电［M］．北京：科学普及出版社．

中华人民共和国住房和城乡建设部，2011．GB50057—2010 建筑物防雷设计规范［S］．北京：中国计划出版社．

朱乾根，林锦瑞，寿绍文，等，2010．天气学原理和方法［M］．北京：气象出版社．

第九章　严寒雪冻

还记得2008年那场雪吗？这场突如其来的雨雪冰冻灾害，肆虐的时间正是一年一度全民大迁徙的春节前夕，它席卷的地域是以往习惯了温煦冬阳的南方，其危害之大50年来从未有过。一时间，城乡交通、电力、通信等遭受重创，百姓生活受到严重影响，一亿多人口受灾，直接经济损失达540多亿元。也许你会疑问：全球气候变暖了，怎么会出现如此严重的低温雨雪冰冻灾害呢？这种灾害会经常发生吗？该如何应对呢？通过阅读本章，你可以深入了解低温、暴雪和道路结冰的表象、成因和影响规律，以及灾害发生时的应灾措施和防御重点。

一、什么是严寒雪冻

冬季到初春，浙江省受到来自北方的强冷空气影响，往往会遭遇低温、暴雪和道路结冰天气，这三种气象灾害是浙江冬春常见的灾害性天气，在现实中经常相伴而生，因此，我们把低温、暴雪和道路结冰统称为严寒雪冻（图9-1）。

（一）暴雪——雪不再是一种风景

鹅毛大雪纷飞而下，在路面积起了厚厚的雪，在浙江地区如果积雪深度达到8厘米，大概没过脚踝，那就是暴雪了。在气象学上，有另一种衡量暴雪的标准，就是把积蓄在气象观测站雨量桶内的雪融化成水，如果融化的水量超过10毫米，也就达到了暴雪的标准。冬季，当北方的强冷空气东移南下，遇到来自南方携带着丰富水汽

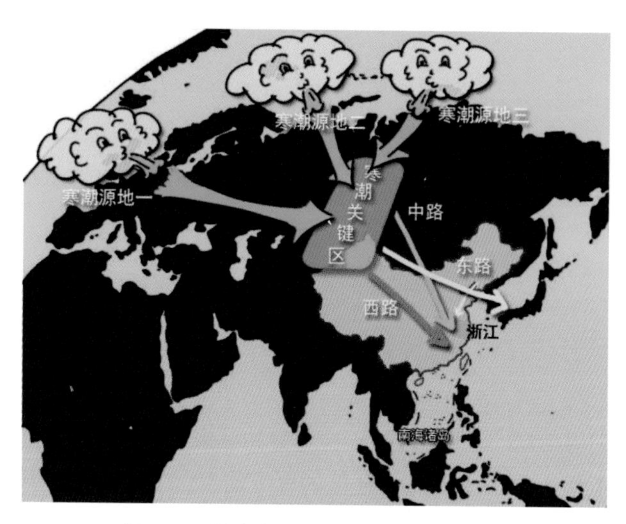

图 9–1　影响浙江省的几路冷空气来源

的暖湿气流，两股气流交汇，容易形成暴雪天气（图 9–2）。当然要判断暴雪天气的来临，气象预报员们会关注以下气象条件：一是温度，除了考虑地面温度还要考虑中低空温度和逆温层的存在；二是水汽条件，降雪没有水汽凝结就成了“无米之炊”。

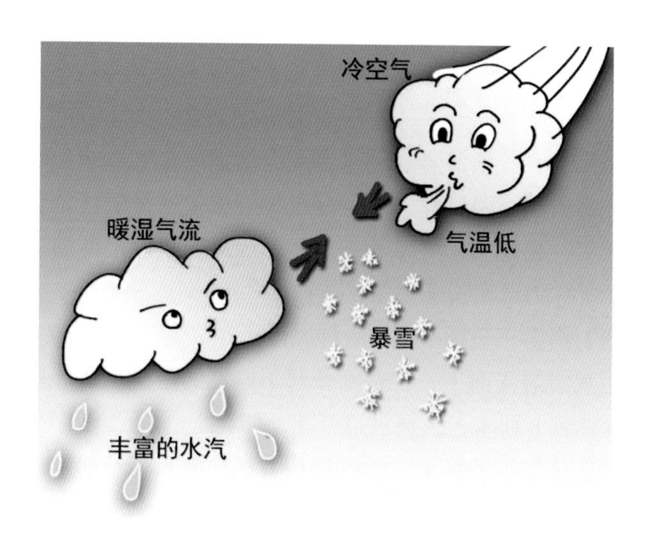

图 9–2　降雪的成因

浙江省的降雪天气主要出现在每年的12月到翌年3月，其中1月、2月最容易出现降雪天气。相比北方冬天的银装素裹，浙江省的降雪天气相对较少，每年大概5～6天。降雪总体呈现浙北及内陆盆地、丘陵山区多，沿海地区及岛屿少的特点。但是别看浙江下雪天不多，由于江南的雪比较湿重，相比北方的雪，更容易形成道路结冰。浙江省出现严寒暴雪的年份主要在20世纪80年代以前，但全球气候尽管变暖，近几年低温雨雪天气却也不少。

（二）道路结冰——隐形的马路杀手

下了雪就容易形成道路结冰。从气象学上来讲，道路结冰是指雨水、雪花、冻雨或者是雾滴降落地面，碰到温度低于0℃的地面而出现的结冰现象。不同于北方地区的“干雪”，在浙江地区，下的雪一般为“湿雪”，就是0～4℃的雨雪混合物，落地便成冰水浆糊状，一到夜间气温下降，就会凝固成冰块。寒冬腊月，当出现大范围强冷空气活动引起气温下降的寒潮天气时，如果伴有雨雪，最容易发生道路结冰现象。

因此，形成道路结冰有两大因素：

- 要有雨雪。这是先决条件，没有雨雪，哪来的水结成冰；
- 要足够冷。最低温度低于0℃，就有可能出现道路结冰现象，如果温度不回升到足以使冰层解冻，结冰的路面就将一直坚如磐石。

当然，容不容易结冰还和路段有关。

哪些地方容易结冰？

1. 桥面更易结冰。因为桥面离地面较远，缺少热量补充，所以降温迅速，更易结冰。像高速公路上的枢纽、互通比一般的路段更易结冰，因为枢纽、互通一般都是架空的桥面。

2. 山区道路更易结冰。由于山区海拔高，气温低，日照少，特别是位于山背阴面的道路，一天中仅几个小时照到阳光，因此，特别容易结冰，并且结了冰也不容易融化。

3 夜间到上午更易结冰。由于太阳辐射量减少，每年的 12 月下旬到翌年 2 月上旬浙江气温最低，夜间到上午又是一天中气温最低的时段，这个时段结冰的概率会明显高于其他时段。

4 房后比屋前更易结冰。一般的房子坐北朝南，房前在南面，屋后在北面背阴处，日照时间比房前短，因此更易结冰，并且结了冰也不容易融化。

（三）低温严寒——全球变暖趋势中的“冷插曲”

如果你认为全球气候变暖，就不会有严寒天气，那你就错了。气候变暖是大趋势，但不意味着寒冷不再，气候变暖更会导致严寒、暴风雪、暴雨、热浪、干旱等极端天气事件频发。

受北方强冷空气影响，浙江省平均每年日最低气温低于 0℃的天数大概是 21 天，每年的 12 月、1 月、2 月是低温最常出现的月份。其中，湖州安吉、杭州临安这一片应该是浙江的严寒中心，安吉平均每年有超过 1 个多月的时间日最低气温都低于 0℃。同时，安吉也是浙江极端最低气温的纪录保持者——1977 年 1 月 5 日出现了 −17.4℃的低温。图 9-3 为浙江省低温雨雪冰冻风险区划。

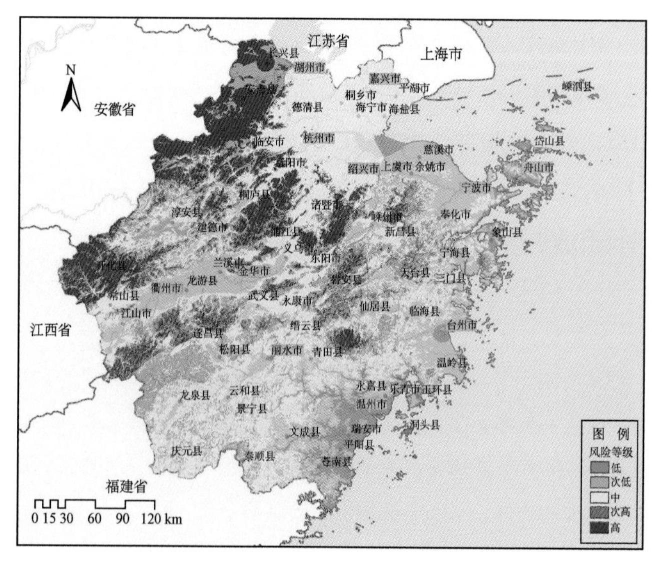

图 9-3　浙江省低温雨雪冰冻风险区划

一般在浙江省，当气象部门预计当地日最低气温达到或低于0℃（山区 −3℃），可能出现结冰、冰冻等天气，就会对外发布低温报告；如果最低气温达到或低于 −5℃（山区 −8℃），或者最低气温达到或低于 −3℃（山区 −5℃）的天气可能持续三天以上，可能出现严重冰冻天气时，就会发布严寒警报。

二、严寒雪冻的危害

严寒雪冻天气可能导致交通、通信、能源线路受损，致使城市断电、断水，暴雪可能压塌建筑物，持续低温还有可能冻死、冻坏农作物、牲畜，同时给人们的生活和出行带来诸多不便。

1．导致交通受阻、事故多发

严寒雪冻天气时，由于车轮与路面摩擦作用大大减弱，容易打滑，刹不住车，往往会造成交通事故。一次严重的严寒雪冻可能导致整个区域被冰雪封锁，交通瘫痪。2008年初，浙江出现了历史罕见的严寒雪冻天气，导致多条高速公路因道路积雪结冰先后封闭，民航机场因飞机跑道、停机坪大量积雪结冰而关闭，人员物资无法运送，对交通造成了严重影响，当时正值春运返乡高峰，滞留旅客达十几万人。

浙江省容易结冰的20个高速路段

1．杭长高速全段：紫金港枢纽至泗安枢纽

2．杭浦高速：杭州北至绕城枢纽、绕城枢纽至盐仓

3．杭徽高速全段：留下枢纽至浙皖省际昱岭关收费站

4．杭州湾绍兴通道全段：沽渚枢纽至南湖互通

5．杭州湾跨海大桥及连接线：北航道桥至南航道桥、石子山隧道至宁波北

6．甬舟高速：金塘大桥、西堠门大桥

7．杭甬高速：沽渚枢纽至上虞、牟山至余姚服务区、余姚至大隐

8. 宁波绕城高速：好思房互通
9. 穿山疏港高速：好思房至北仑互通、白峰至穿山港区
10. 甬台温复线高速全段：云龙至象山
11. 杭金衢高速：衢州服务区至常山、次坞至新岭隧道
12. 上三高速：新昌至白鹤
13. 杭新景高速：桐庐至建德
14. 诸永高速：岩坦至括苍山隧道、怀鲁枢纽至枫树岭隧道、磐安至双峰
15. 甬金高速：成功岭隧道周围、白峰岭隧道周围、宁波西入口、洞桥至溪口西
16. 甬台温高速：分水关至观美、奉化服务区至麻岙岭隧道
17. 台金高速：前仓至苍岭隧道群
18. 龙丽高速：北界至遂昌
19. 黄衢南高速：皖浙黄山省际收费站至芳村
20. 杭宁高速：刘家渡大桥、杨家斗大桥

2．导致农牧业受损

严寒雪冻易导致农作物受冻、枯萎或死亡，农田土壤增加过多的水分，不利于越冬作物根系生长；寒冷天气使牲畜大量失热，增重速度下降，幼畜、病弱畜、家禽往往经不起寒流降温而造成死亡；暴雪天气还有可能会压塌蔬菜大棚和牲畜棚圈。

3．影响公众健康和生活

严寒雪冻对人体健康影响也很大，手足等暴露部位容易发生冻伤，严重的还会造成全身冻伤，也叫“冻僵”。大家熟知的“草原英雄小姐妹”和一些登山运动员冻掉脚趾、手指，都属于冻伤。严寒天气还易使感冒、气管炎、冠心病、哮喘等病的风险增大。除此之外，严寒雪冻天气下，电线覆冰可能会压塌电线电缆、高压输电线塔架，低温会导致户外水管、水表冻裂，积雪会压塌不结实的建筑物，给公众生活带来极大的不便和危害。

雪能压塌房子？

我们常用“轻舞飞扬”“鹅毛”来形容雪花，足见雪花之轻盈。雪花只有在极精确的分析天平上才能称出它们的重量，3000～10000个雪花加在一起才只有一克重。可是在冬季，我们经常会听说雪压断了大树、压塌了房屋，那雪到底有多重呢？

通常情况下，在北方1平方米面积上8～10毫米的降雪厚度融化成水相当于降水1毫米；而在南方，雪比较湿，1平方米面积上6～8毫米的降雪厚度融化成水相当于降水1毫米。这样来算，在南方，100平方米面积上6～8毫米的积雪就重100千克。一次暴雪过程之后积雪深度一般都会超过8厘米，以8厘米积雪深度计算，也就是说100平方米的屋顶需要承受1吨左右的重量，其威力可想而知。当然，一般我们居住的房顶承受这样的重压可以说是不成问题的，主要是那些比较简易的房子或工棚、年久失修的房子可能会被大雪压塌。

针对严寒雪冻，当地气象部门会适时发布相应的暴雪、低温、道路结冰预警信号提醒公众进行防御。

暴雪预警信号共分为蓝色、黄色、橙色、红色四个等级，由低到高表示降雪量、积雪深度和影响程度等，以下是暴雪预警信号的图标（具体含义和防御指南见附录1）：

低温预警信号共分为橙色、红色两个等级，由低到高表示低温的程度，以下是低温预警信号的图标（具体含义和防御指南见附录1）：

道路结冰预警信号有黄色、橙色、红色三个等级，由低到高表示道路结冰的影响程度和持续时间，以下是道路结冰预警信号的图标（具体含义和防御指南见附录 1）：

灾害掠影

2008 年 1 月 31 日—2 月 2 日浙江出现了罕见的大范围暴雪天气，全省共有 45 县（市）出现积雪（图 9-4），杭州、嘉兴、湖州、绍兴、宁波等地积雪深度普遍超过 20 厘米，其中浙西北部分山区积雪深度达 60 厘米，浙北大部地区的积雪深度皆达到 50 年一遇程度。这次低温雨雪冰冻天气造成交通瘫痪、电力设施严重受损、农作物受灾甚至绝收、房屋倒塌等，全省因灾死亡 9 人，被困 69.18 万人，直接经济损失 174.3 亿元。

图 9-4　2008 年大雪将杭州市体育馆门前的大树压倒

三、严寒雪冻应灾指南

（一）严寒雪冻天气来临前

- 及时关注气象预报预警；
- 将除雪等用品加入你的灾害应急用品，比如雪铲、用于融化雪和道路表面结冰的盐等；
- 在暴雪天气来临前，如果你住在危旧房屋中，要及时前往避灾点，因为积雪有可能会压塌不够结实的房屋；
- 对家中阁楼、墙壁、缝隙和窗户进行防风和保温处理；
- 提前加固蔬菜大棚、牲畜家禽的窝棚，以防积雪压塌；
- 检查你的汽车，确保防冻液、刹车片和轮胎处在正常水平，空调和除霜设备工作正常，并加满油箱。

（二）严寒雪冻天气发生时

- 及时了解最新天气信息；
- 如果你在室内采用煤炉取暖，一定要提防煤气中毒；
- 外出要做好防寒保暖和防滑措施，要穿鞋底摩擦力大的鞋，不要穿硬底和光滑的鞋；着装上可以穿着多层、宽松舒适、轻便保暖的衣服，而不是单件厚重的衣服，也可戴帽子和手套来取暖，戴上口罩以保护肺部；
- 接近广告牌、屋檐、大树等处时，要小心观察或绕道通过，以免被融化脱落的冰雪伤及；
- 遇暴雪和道路结冰天气最好不要开车。如果要开车一定要减速慢行，并避免走桥面、山路等易结冰路段；
- 如果积雪过深，应及时清扫屋顶和棚架，以免被雪压塌；
- 可多吃高热量食物和热饮，有助于御寒，当然对摄取高热量食物有禁忌的请遵医嘱；
- 要注意到家里老年人耐寒能力差，要提醒他们注意腿脚保暖，避免久坐，经常站立活动、跺脚、搓手等促进血液循环；
- 不要在户外裸手接触金属物体，防止粘连和冻伤；
- 如在手指、脚趾、耳垂和鼻尖等部位出现麻木感以及白色或淡色

斑点，有可能是冻伤的征兆，请立即寻求医生的帮助；

- 时刻注意可能体温过低的征兆，比如不由自主地颤抖、记忆力减退、失去方向感、语无伦次、言语不清、嗜睡和视觉疲劳。一旦发现有体温过低的症状，应立即转移到温暖的地方，做好保温措施，如果病人意识清晰，应让他喝些温热的饮料，然后立即寻求医疗救护；
- 低温严寒时，畜禽抵抗力降低，极易引起病毒性疫病的发生蔓延，如果你是养殖户，要注意自家和周边的动物疫情，加强疫情巡查。

防止水管、水表冻坏的小妙招

1.“穿衣戴帽”。对暴露在室外的水管、水表、水龙头等用水设施，可以使用棉麻织物、塑料泡沫进行包扎保温；

2.“关窗防寒”。天寒时，特别是在晚上关紧阳台、厨房、卫生间以及所有朝北房间的窗户以保证室内的温度在0℃以上；

3.“滴水成线”。在严寒天气，如果气温在−5℃以下，可在晚间稍稍拧开水龙头，使水流成线，保证管内自来水流动以防止夜间冻结；

4.“排空设施”。太阳能热水器水管应安装竖置防冻排水装置，雨雪冰冻天气及时排空水箱中的水，防止冻坏热水器；

5.“应急措施”。对确已冻住的水管，如果是塑料的PP-R和PVC管，你可以用热毛巾敷在水管上再用热水冲淋化冻，切不可以用火直接烘烤或用开水急烫，以免造成管道或者水表开裂。

（三）严寒雪冻天气发生后

参考第三篇内容。

参考文献

樊高峰，王文，柳苗，等，2011．浙江省气象灾害防御规划研究［M］．

北京：气象出版社.

美国国土安全部，你准备好了吗？——公民应急准备指南［M］. 尚红，杜晓霞，隋建波，等，译. 2010. 武汉：中国地质大学出版社.

相关网站

浙江在线《全省高速 20 个易结冰路段，司机可要多加留意了》

http://zjnews.zjol.com.cn/system/2014/12/04/020393224.shtml

新浪《2015 年为 136 年来最暖》

http://news.sina.com.cn/o/2016-03-19/doc-ifxqnsty4582556.shtml

大连日报《冻冰水管切不可用开水急烫》

http://szb.dlxww.com/dlrb/html/2010-01/26/content_316186.htm

第十章　高温热浪

连续 35℃以上的高温天气，火辣辣的太阳肆无忌惮，“烧烤模式”彻底开启，这样的高温热浪天气怕是一年中最难熬的日子了吧。我国的高温天气主要集中在 5—10 月，从地理位置上看，江南、华南、西南及新疆都是高温的频发地，浙江刚好处于高温频发区域。通过本章的阅读，有助于你了解高温热浪、热岛效应、体感温度等气象术语，掌握应对高温热浪的应灾自救措施。

一、什么是高温热浪

（一）高温和连续高温

高温是以日最高温度作为判断指标的，气象学上，日最高气温达到或超过 35℃称之为高温，达到或超过 37℃时称为酷暑。“高温热浪”是一个气象学术语，通常指持续三天或以上日最高气温达到或超过 35℃。随着城市化进程加快，城市热岛效应更加明显，对高温天气起到了推波助澜的作用。因此，居住在市区的人比居住在郊区的人更易受到高温的影响。

浙江省是受高温影响比较严重的省份，盛夏 7—8 月是一年中最热的时段，也就是俗称的“三伏天”时期。内陆丘陵盆地和河谷地带高温天气多发，特别是金华、丽水地区，一般每年出现高温的天数都在 30 天以上，而沿海地区的盛夏则较为凉爽，高温日数在 10 天以下，部分海岛甚至都没有高温光顾。浙江 11 个地区中，夏季最热的是丽水，堪称浙江的“吐鲁番”，最早 4 月就曾出现过高温天气。

图 10-1 为浙江省高温风险区划。

专家解读

全球气候变暖离我们有多远？

评估全球气候变暖的是一个叫 IPCC 的组织，即政府间气候变化专门委员会。它的第五次评估报告指出，全球气候变暖毋庸置疑，1880 年到 2012 年，全球海陆表面平均温度呈线性上升趋势，升高了 0.85℃，1983 年到 2012 年的这 30 年比之前几十年都要热，并且极有可能是近 800 年到 1400 年间最热的 30 年。随着气候持续变暖，高温热浪将变得更加频繁，而且持续时间更长。为了应对全球气候持续变暖，2015 巴黎气候大会通过了遏制全球变暖的《巴黎协定》，指出要把全球平均气温较工业化前水平升高控制在 2℃之内，并为把升温控制在 1.5℃之内而努力。

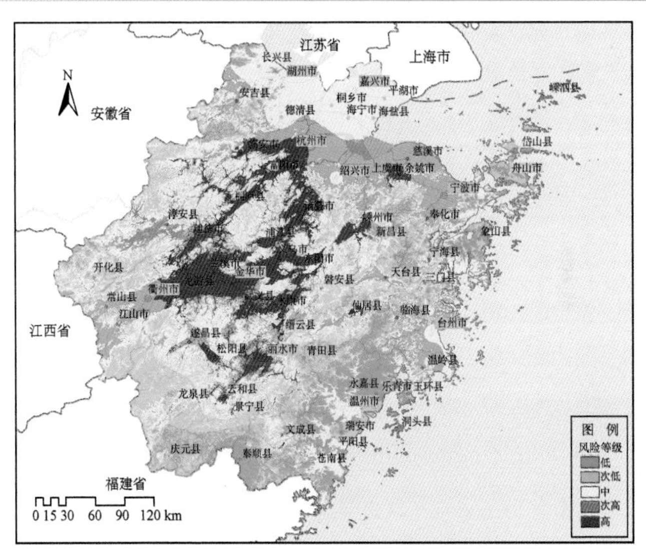

图 10-1　浙江省高温风险区划

对于 40℃以上的酷热天气，气象部门会拉响最高级别的红色预警信号。40℃在浙江的高温词典里也是常见字，浙江省大部分地区都曾出现过 40℃以上的高温天，有一半以上地区平均每 5 年就会出现一次，其中高温纪录保持者是新昌 44.1℃，杭州的高温纪录是 41.6℃。

专家解读

气象部门会预报40℃以上的高温吗？

“我拿着气温计测得的气温都42℃了，可气象预报最高气温才39℃。气象部门是不是不敢报40℃以上的气温？”炎炎夏日，经常有人产生这样的质疑。其实，气象预报是遵循科学精神的，温度再高也敢报。这里的误区在于大家对于气温的理解。

气象预报的气温是百叶箱的温度。按照世界气象组织规定，气象部门发布的温度是百叶箱中温度计所测量的温度。这个百叶箱的设置是有标准的：须设在草坪上，离地面1.5米，周围较开阔，无高大建筑、树木等阻挡风或遮挡阳光。这样做是为了剔除地表差异对温度造成的巨大影响，比较真实体现大气的温度状况。这是全球统一的观测标准，具有地域代表性、观测连续性和全球可比对，是国际惯例，而非中国特色。因为各国的气象数据是要参加世界气象组织的数据交换的。

气温与地面温度是不一样的。一般来说，夏季地面温度高于气温，冬季地面温度低于气温。夏天，在强烈阳光的照射下，水泥路、柏油路面上的温度，比百叶箱里测得的温度要高出很多，气温38℃，中午阳光下的路面温度可能会超过50℃，柏油马路都快被烤化了。如果你想查询地表温度，可以登录浙江天气网（http://zj.weather.com.cn/）进行查询。

你知道吗

什么是城市热岛效应

城市热岛效应是城市气候中典型的特征之一。它是城市气温比郊区气温高的现象。城市热岛的形成：一方面是由于在现代化大城市中，人们的日常生活所发出的热量所致；另一方面，城市中建筑群密集，使得城市白天吸收储存的太阳能比郊区多，夜晚城市降温缓慢，气温仍比郊区高，从而形成了“城市热岛效应”。一般来讲，一年四季都可能出现城市热岛效应，但对公众影响较大的主要是夏季高温天气下的热岛效应。

（二）高温是怎样产生的

夏季控制浙江的主要天气系统是西太平洋副热带高压，在副热带高压控制之下，盛行下沉气流，天气晴朗少云，太阳辐射强，气温易攀升。而高温的强度和持续时间和副热带高压、冷空气、台风的活动密切相关，若冷空气位置偏北，而台风位置偏南，副热带高压则会长时间控制浙江省，造成极端高温事件。

副热带高压是高温的罪魁祸首

副热带高压（简称副高）是一个水平范围非常大的高压带，以北半球为例，整个中纬度的太平洋和大西洋都是它的势力范围。副热带高压带平均位置在副热带地区，大约是南、北纬30度附近。由于副高本身是个暖性高压，加上其盛行的下沉气流有增温效应，控制范围内天气基本格调是晴热干燥的，如果副高稳定控制一个地区，这里就非常容易出现高温干旱天气，例如中国的武汉、南昌、南京、重庆等地区，主要原因就是以上地区夏季正好是处在副高控制之下。

二、高温热浪是一种不容忽视的气象灾害

“五月大燠四十余日，草木焦槁，山石灼人，暍死者甚众”，这是发生在南宋绍兴五年（1135年）浙北的一次高温天气灾害，连续四十多日的高温，花草树木都烤焦了，中暑死亡的人非常多，高温的危害可见一斑。其实，高温的影响远不在此，它对国民经济以及人们日常生活和健康都有一定的影响。高温加剧了土壤水分蒸发和作物蒸腾作用，高温少雨会加速旱情的发展，影响植物生长发育，能逼熟早稻，使棉花落蕾落铃，导致农业减产；持续高温少雨还易引发森林火灾和城市火险，对旅游、交通、建筑等行业也会有不同程度的影响；高温还会使道路，特别是柏油马路、水泥马路的路面温度很快升高，引发汽车轮胎爆胎，甚至自燃、自爆现象；高温酷

暑使用水用电急剧上升，容易发生水电事故。

高温热浪易使人体感到不适，工作效率低，中暑、患肠道疾病和心脑血管等病症的发病率增多。老年人、孩子和病人及肥胖的人更易受到高温热浪的威胁。据统计，在中国某大城市月平均气温从29℃升高到30℃，升高量只有1℃，月中暑死亡的人数却增加了2倍多。中暑是常见由高温引发的疾病，人体在高温环境下体温调节机制发生障碍，从而发生体内热蓄积，导致中暑。高温还会间接诱发高血压、冠心病等心脑血管疾病。2015年5月，印度出现了持续一周的极端高温，各地最高气温接近50℃，因高温中暑和脱水而死亡的民众超过2500人。

针对高温热浪天气，当地气象部门会发布高温预警信号提醒公众进行防范。在浙江，高温预警信号有橙色、红色两个等级，由低到高表示高温的强度，以下是高温预警信号的图标（具体含义和防御指南见附录1）：

2013年，浙江出现了60多年来最严重的高温热浪少雨天气，其中34县（市、区）打破了日最高气温历史纪录；全省高温日数平均43天，比常年同期偏多22天。这次高温事件持续时间长、强度强、范围广，并导致浙江发生严重干旱，对人民生活健康、供电供水和工农业生产及安全等造成较明显。全省共403.97万人受灾，农作物受灾面积67.987万公顷，直接经济损失73.3亿元。

三、高温热浪应灾指南

（一）高温热浪来临前

- 检查空调、风扇等电器的功能是否正常；
- 准备防暑降温用品，如风油精、清凉油、藿香正气水等；

- 如果你有车的话，请检查车辆轮胎的使用情况，如出现老化状态，及时更换，并且不要将香水、一次性打火机、碳酸饮料、喷雾等易燃易爆物品放置在车内；
- 用窗帘、遮阳板、遮阳篷或百叶窗遮挡晨晒和夕晒的窗户。

（二）高温热浪影响时

工作怎么办？

- 尽量待在室内并避免暴露在阳光下；
- 如果你是上班族，要尽量避免或减少在高温环境里工作的时间，如果一定要工作必须做好保护措施，比如遮阳通风；
- 避免在一天最热的时候进行重体力劳动和户外工作；
- 如果没有空调，那么应该尽量待在阳光无法直射的室内，并拉上窗帘，阻挡阳光。

关于高温休息的规定

2012 年，国家安全生产监督管理总局、卫生部、人力资源和社会保障部、中华全国总工会出台了《防暑降温措施管理办法》，明确规定：

- 日最高气温达到 40℃以上，应当停止当日室外露天作业；
- 日最高气温达到 37℃以上、40℃以下时，用人单位全天安排劳动者室外露天作业时间累计不得超过 6 小时，连续作业时间不得超过国家规定，且在气温最高时段 3 小时内不得安排室外露天作业；
- 日最高气温达到 35℃以上、37℃以下时，用人单位应当采取换班轮休等方式，缩短劳动者连续作业时间，并且不得安排室外露天作业劳动者加班。

起居饮食怎么办？

- 高温期间很多公共场所可供公众纳凉，你可以去图书馆、购物中心、

地铁站、银行、开放的防空洞等地方，流动的空气可以加速排汗和蒸发以帮助身体降温；

- 注意保持充足睡眠，有规律地生活和工作，增强免疫力；
- 防止空调病，长时间待在空调环境中，空气会变得干燥，人体组织会缺水引发空调病，所以千万不要长时间待在开着空调房间里，可利用早晚气温相对低的时候进行一些户外运动；
- 高温下避免剧烈运动；
- 多喝水，不要等口渴了才饮水，高温作业者以含盐量0.15% ~ 0.2%的饮料为佳，饮水方式以少量多次为宜，可选用盐开水、盐汽水及盐茶等，饮品温度以10℃左右为宜。
- 饮食以清淡、苦寒、营养丰富、易消化的食物为主，少食用黏腻食物，以免阻碍肠胃消化；
- 穿着宽松、舒适、轻便和浅色的衣服，尽可能减少暴露部位；如果你在户外应配备宽边草帽、遮阳隔热帽等以防日晒；
- 切记不要把孩子或宠物单独留在车内，哪怕是短短几分钟也不行，密闭的车内气温会迅速飙升，短时间内足以使人脱水中暑。

如何应对高温病（中暑）？

长时间待在在高温环境或者烈日下，特别是从事体力劳动的人群，如果没有防暑降温措施，极易引起中暑。中暑由轻到重分为热疹、晒伤、热痉挛、热衰竭和热射病。热疹和晒伤一般自行处理即可，但严重的晒伤，如皮肤刺痛发痒，出现小水泡还是应该及时去医院就诊（中暑的应对见表 10–1）。

表 10–1 中暑的种类及急救措施

中暑的种类	症状	应采取措施
热疹	大多出现在脖子、腹股沟、乳房下，呈红色的丘疹或水疱样	● 最好的处理方法是让皮肤凉爽、干燥 ● 有条件可使用痱子粉 ● 一般无须去医院

续表

中暑的种类	症状	应采取措施
热痉挛	表现为肌肉疼痛或抽搐，一般出现在腿部、腹部或手臂；意识清醒，体温正常	● 若患者痉挛情况不严重，可立刻转移到凉爽的地方 ● 饮用水或运动饮料以缓解痉挛 ● 可轻柔的拉伸和按摩痉挛的肌肉 ● 若 1 小时后症状仍未缓解，应及时就医
热衰竭	表现为头痛、眩晕；恶心或呕吐；大量出汗但皮肤触感较凉；脸色苍白、极度疲倦	● 应立刻转移到凉爽的或有空调的房间内 ● 洗个凉水澡或擦拭身子 ● 饮用凉爽的水或运动饮料 ● 若出现呕吐要及时就医
热射病（严重不适）	体温超过 40.5℃；发病早期有大量冷汗，继而无汗；呼吸浅快、脉搏细速；躁动不安、神志模糊、血压下降；可能失去意识或四肢抽搐	● 应第一时间就医，延误救治时间是致命的 ● 去医院途中可脱去患者衣服 ● 吹送凉风并喷以凉水或以凉湿床单包裹全身 ● 密切观察患者呼吸和身体状况

什么是体感温度

如果说气温是客观的，那么体感温度就是人们的主观感受。因此，体感温度往往与实际气温不一样。体感温度实际上就是人通过皮肤与外界环境接触时在身体上或精神上所获得的一种感受，受温度、湿度、风和太阳辐射等影响。例如，湿度较大会引发关节疼等不适，风大促进热量散失，日照少时，人体感觉更冷。高温天气 34℃是个槛，日常生活中，冷与热都会造成身体的不舒适。人的正常体温大约维持在 37℃左右，人体感到舒适的气温是：夏季 19 ~ 24℃，冬季 12 ~ 22℃。所以，在炎热的夏天，湿度较高时，气温达到 34℃就需要引起人们注意了。高温

高湿条件下，人体热量散不出去，体温就要升高，以致超过人的忍耐极限，严重的会造成死亡。

浙江省气象局已于2016年起对公众发布体感温度预报，你可通过浙江天气网或“智慧气象”APP查询。

（三）高温热浪发生后

参考第三篇内容。

参考文献

樊高峰，王文，柳苗，等，2011. 浙江省气象灾害防御规划研究［M］. 北京：气象出版社.

美国国土安全部，2010. 你准备好了吗？——公民应急准备指南［M］. 尚红，杜晓霞，隋建波，等，译. 武汉：中国地质大学出版社.

相关网站

中国气象局网站【图解 IPCC 第五次评估报告】

http://www.cma.gov.cn/2011xzt/2014zt/20141103/2014110310/201411/t20141113_266684.html

中国天气网【体感温度和实际温度区别大】

http://www.weather.com.cn/anhui/tqyw/05/2324672.shtml

百度百科【防暑降温措施管理办法】

https://baike.baidu.com/item/防暑降温措施管理办法/7813078?fr=aladdin

中国气象局【高温预报尊重科学精神】

http://www.cma.gov.cn/2011xzt/2013zhuant/20130716_1/2013071601/201308/t20130806_222097.html

第十一章　气象干旱

大地龟裂，河床干涸，长时间无雨少雨，容易导致干旱发生。气象干旱是一种气候灾害，我们遭遇干旱的频率或许不像暴雨、雷电那么频繁，但是干旱往往会持续较长时间，比如几个月甚至数年。这可能是所有气象灾害中持续时间最长的灾害了。

一、什么是气象干旱

干旱是指长期无雨或少雨，导致江河水位严重偏低，土壤水分不足，淡水资源不能满足人们生存和经济发展的气候现象。在气象上，将某时段由于蒸发量和降水量的收支不平衡，水分支出大于水分收入而造成的水分短缺现象称为气象干旱。从干旱的影响领域来看，干旱也可分为水文干旱、农业干旱和社会经济干旱。其他的三种干旱类型都与气象干旱有直接的关系，降雨量一旦不足，干旱就有可能发生（图 11-1）。

很多人认为，浙江属于亚热带气候，雨量充沛，气象干旱似乎和我们无关，这样想，你就错了。干旱是浙江常见的气象灾害，早在西汉时期，就有“夏，大旱，太湖涸”的记载。夏秋季节，来自西北太平洋的台风常常会给浙江带来充沛的降雨并有助于缓解高温的影响。但如果台风影响减少，夏季高温少雨，便会引发干旱的发生和发展。

图 11-1　因缺水而干裂的土地

旱灾之最

- 干旱最严重的地方。世界上干旱最严重的是智利的阿塔卡马沙漠，那里几乎从来不下雨。我国干旱最严重的是西北地区，那里降水稀少，光照充足。
- 世界上波及范围最大的旱灾。1983 至 1985 年，西非、东北非及南非地区均发生了不同程度的旱灾和饥荒，至少有 20 个国家的 3000 万人受灾，1000 万人流离失所。这次旱灾被认为是第二次世界大战以来全球发生的最严重的灾害之一。

在浙江，干旱的影响范围常常涉及全省，全年发生干旱的情况也不少，但危害最大的是夏秋时期的干旱。浙江的夏秋干旱，发生的概率大约是 3 年一遇。从地域来看，浙江干旱最易发生的是中西部地区和沿海岛屿，尤其是金衢盆地。图 11-2 为浙江省气象干旱风险区划。

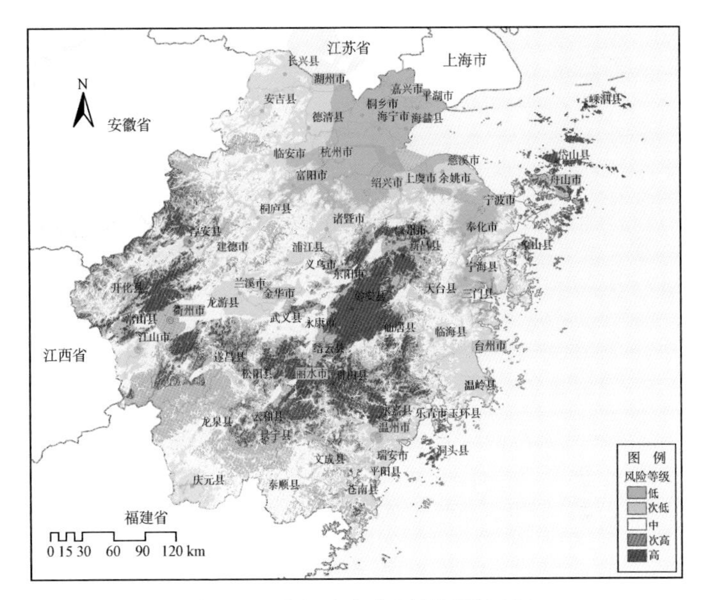

图 11-2　浙江省气象干旱风险区划

二、干旱影响深远

旱灾发生发展缓慢，但持续时间长，一旦发生短则数月，长则几年。对农业生产来讲，干旱导致农作物减产甚至绝收，威胁到粮食安全。对生态环境来讲，干旱导致植被枯死，河流断流，水生物死亡，森林火灾多发，对生态环境造成不同程度的影响。对城市发展来看，干旱导致城市供水不足、饮用水困难，由于城市人口经济集聚，干旱带来的影响是广泛的，对于当地社会、经济、人口分布、环境资源会产生综合性影响。旱灾发生之时，还极易引发病虫害，长三角地区的蝗情与大面积干旱的发展有关，正如历史记载“六月，两浙大旱蝗”。

相对于其他气象灾害，干旱的影响是慢慢显现的，针对气象干旱，当地气象部门会发布气象干旱预警信号，有黄色、橙色两个等级，由低到高表示气象干旱的程度和受到影响的范围，以下是气象干旱预警信号的图标（具体含义和防御指南见附录 1）：

浙江历史上的严重干旱

1．1967 年是自新中国成立以来浙江遭遇的最严重的气象干旱，全省 7—10 月基本无雨。导致曹娥江、姚江、金华江、兰江等先后断流，多数水库干涸，全省受旱面积占当时耕地面积的 40% 以上，有 353.8 万亩农田颗粒无收。

2．2003 年 4—10 月浙江省降水量仅是常年同期的 64%，再加上经历了 50 年一遇的高温酷热天气年，导致浙江遭遇自 1967 年以来的最严重干旱。严重干旱给全省城乡人民生活和工农业生产造成很大影响，321 万人饮水困难，农业直接经济损失 29.1 亿元。

三、干旱应灾指南

应对干旱可以积极利用大数据分析技术，科学家们已经在研究气候变化影响下，不同区域的干旱风险，结合水文气象、水文气候和水资源气候知识，以便知道什么时候哪里有多少水，对水资源形成系统调节。在气象上，目前采用人工影响天气的方式来增加降雨、缓解旱情。

人工增雨是指人为地对一个地区上空可能下雨或者正在下雨的云层进行影响，从而增加这个地区的降水量。其实我们可以把云彩看作是一座座移动水库，如果水库闸门开得小，那么落下来的水就少，这时用人为方法向云中播撒催化剂，就可以将水库的闸门开大，流出的水也就变大了。

目前人工增雨的方法主要有两种：

- 利用飞机向云层播撒催化剂；
- 利用火箭、高炮等工具从地面发射填装有催化剂的火箭弹和炮弹。

当然并不是任何时候向空中播撒催化剂都可以形成降水的，晴天和云系很薄时就不具备人工增雨作业条件。开展人工增雨作业的前提是空中有云，而且云层要厚，云里一定要有低于 0℃且不结冰的水等。

人工增雨作业的催化剂有碘化银、干冰、液氮等（图 11–3）。

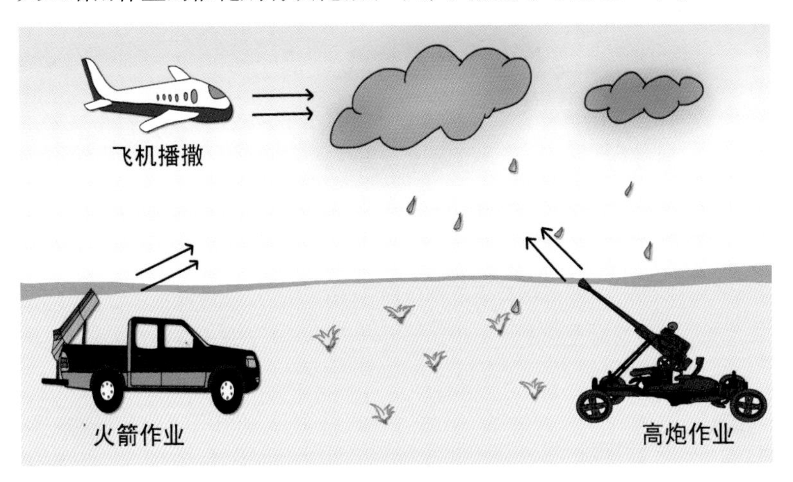

图 11–3 人工增雨示意图

那么，个人如何应对和预防旱灾呢？

（一）干旱发生前

如果你居住的区域发生气象干旱的风险较高，那么在平时你应该：

- 多植树，多种草，保护绿地；
- 节约用水。

若你从事农业生产，你应该：

- 防止土壤板结，以免不利植物生长；
- 多用农家肥，少用无机肥料；
- 应该以年为单位隔年种植，利于保持土壤肥力；
- 少用含磷一类的化肥，它们由雨水进入河流使水富营养化，会造成藻类大量繁殖破坏生态平衡。

（二）干旱发生时

当气象干旱正在发生，你应该：

- 保护饮用水源，确定水质的清洁程度后再饮用；
- 节约用水；

- 出现限量限时供水时，应排队取水，不可插队更不可哄抢。

若你从事农业生产，你可以：

- 优先拔除病苗弱苗，拔除杂草，利用早晨或傍晚进行叶面喷肥，既增加作物养分，提高抗旱能力，又可降低叶片温度；
- 对旱情较重的地块进行喷灌或浇灌挽救，把损失降到最低点；
- 对已经旱死地块，采取毁种措施。可选择种植青贮玉米、鲜食黏玉米、早熟豆以及小杂粮，如绿豆、小豆、荞麦等；
- 旱情同时会带来虫害的发生，要预防黏虫、玉米螟的危害。

专家提醒

不要让最后一滴水成为我们的眼泪

“3·22”世界水日：为了唤起公众的水意识，建立一种更为全面的水资源可持续利用体制和相应的运行机制，1993年1月18日，第47届联合国大会根据联合国环境与发展大会制定的《21世纪行动议程》中提出的建议，通过了第193号决议，确定自1993年起，将每年的3月22日定为“世界水日”，以推动对水资源进行综合性统筹规划和管理，加强水资源保护，解决日益严峻的缺水问题。同时，通过开展广泛的宣传教育活动，增强公众对开发和保护水资源的意识。让我们节约用水，不要让最后一滴水成为我们的眼泪！

参考文献

樊高峰，2011．浙江气象灾害防御规划研究［M］．北京：气象出版社．

莫吉尔，2015．极端天气［M］．张立庆，译．北京：人民邮电出版社．

秦大河，2015．中国天气气候事件和灾害风险管理与适应国家评估报告［M］．北京：科学出版社．

张书余，2008．干旱气象学［M］．北京：气象出版社．

中国气象局，2006．地面观测规范［M］．北京：气象出版社．

Care Paola None Hanaburgh，Philip Hanaburgh，2009．Are you ready?［M］．Booksurge Publishing．

相关网站

http://www.weather.com.cn/drought/index.shtml　中国天气网干旱页

http://www.chinaam.com.cn　中国干旱气象网

第十二章　雾和霾

雾和霾是常见的天气现象，随着霾、$PM_{2.5}$的危害渐渐被大家熟知，这个穹顶之下的雾和霾天气越来越受到人们的关注。这两种影响空气能见度的天气不仅易造成航空、铁路、高速公路等交通事故，航班延误等；另外，雾、霾天气发生时，近地面大气中含有大量的各种污染物质，特别是高浓度的$PM_{2.5}$，对人体健康有极大危害。通过本章的阅读，你将了解雾和霾背后的故事以及我们为减少雾和霾天气能做些什么。

一、什么是雾和霾

（一）雾和霾其实是两回事

雾霾耳熟能详，其实它们是两种不同的灾害性天气现象。

- 雾是因为水汽凝结物悬浮在近地面空气中导致空气能见度下降，这种水汽凝结物通常由微小水滴或冰晶组成，常呈乳白色，使水平能见度小于1千米。
- 霾是因为大量极细微的颗粒物均匀地浮游在空中导致空气能见度下降，这些颗粒物主要来自自然界及人类活动排放，霾能使远处光亮的物体微带黄、红色，使黑暗物体微带蓝色，使水平能见度小于10千米。

雾和霾是秋冬季浙江省常见的天气现象，主要呈现以下特点：

1．大雾容易在秋冬季早晚发生

大雾已成为浙江的高影响天气。浙江大雾分布很不均匀，沿海、岛屿和山区出现较多，内陆平原相对较少。每年4—6月是浙江沿海的多雾期，而内陆主要集中在11月到次年1月。在内陆平原地区，一般早晨5—7时最容易起雾，7—10时雾逐渐消散；山区无论是雾生还是雾消都以20—21时最多，海岛和山区相类似。

2．近年来霾日趋于稳定

改革开放以来，由于工业经济快速发展，排放物增加，浙江省每年的霾日数增长较快；近十年随着生态省建设和节能减排工作取得成效，霾天气上升势头得到控制，全省平均每年霾日数大约在50天。从季节分布来看，冬季霾出现最多，春秋季次之，夏季出现最少。从地域分布来看，东部沿海地区霾天气较少，内陆地区相对较多。

霾天气与大气扩散能力有关

大气扩散能力直接关系到大气中污染物的消散和稀释。扩散能力强表示污染物容易消散，霾天气不易形成；反之，则污染物容易积聚，霾天气易发。大气污染扩散能力除了受风向、风力、降水等气象条件影响外，还受当地地理环境影响。浙江省大气污染扩散能力总体表现为“北部较南部强、沿海较内陆强”，对扩散能力偏弱的区域更需注重大气环境保护。

（二）雾和霾是怎样形成的

1．雾的形成

雾的形成大致可以分为两种：一种是受天气系统影响产生，如锋面雾等；另一种是受下垫面（地面、水面）性质影响而形成，如平流雾、辐射雾和蒸发雾。此外，还有受地形影响的上坡雾等（图12-1）。通常，沿海、高山、城市为雾的多发地区。在浙江，内陆平原大都是辐射雾，沿海地区平流雾较多。

辐 射 雾

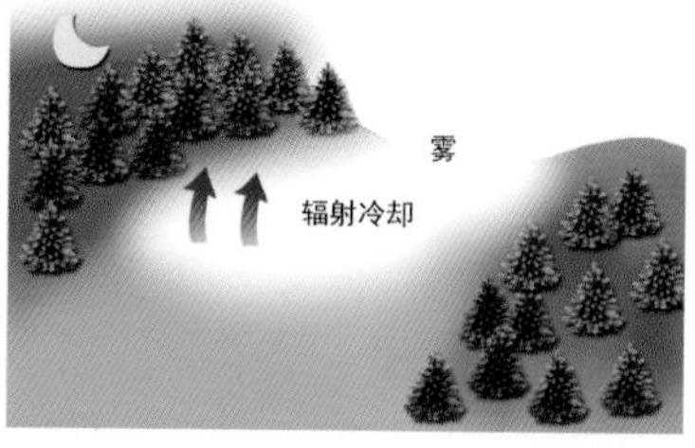

辐射雾是由于夜间地表面的辐射冷却而形成的雾，多出现于晴朗、微风、近地面水汽比较充沛且比较稳定或有逆温存在的夜间和早晨。

蒸发雾

蒸发雾是指冷空气流经温暖水面，如果气温与水温相差很大，则因水面蒸发大量水汽，在水面附近的冷空气便发生水汽凝结成的雾。

平流雾

平流雾是当暖湿空气平流到较冷的下垫面上，下部冷却而形成的雾。平流雾和空气的水平流动是分不开的，只要持续有风，雾才会持续长久。如果风停下来，暖湿空气来源中断，雾很快就会消散。

上坡雾

雾

湿空气

上坡雾是湿润空气流动过程中沿着山坡上升时，因绝热膨胀冷却而形成的雾。所谓绝热膨胀，是指与外界没有热量交换的膨胀过程。上坡雾多见于山中。

图 12-1　常见雾的种类与形成

2．霾的形成

霾的形成主要是空气中悬浮的大量微粒和气象条件共同作用的结果，其成因有三个方面：

- 水平方向静风现象增多。城市里高楼大厦的阻挡和摩擦作用使风流经城区时明显减弱。静风现象增多，不利于大气中悬浮微粒的扩散稀释，容易在城区和近郊区周边积累。
- 垂直方向上出现逆温。逆温是指高空的气温比低空气温更高的现象，导致空气“脚重头轻”，气象上称这种现象叫“逆温”。逆温层形成后近地层大气稳定，不容易上下翻滚而形成对流，这样就会使低层特别是近地面层空气中的污染物和粉尘在低层堆积，增加大气低层和近地面层的污染程度。

专家解读

通俗地讲："逆温层"就像一层厚厚的被子盖在地面上空，厚度可从几十米到几百米，使得大气层低空的空气垂直运动受到限制，污染物不能向上扩散，"无路可走"又向下蔓延，即空气中悬浮微粒难以向高空飘散而被阻滞在低空和近地面层，从而形成了"霾"。如图12-2所示。

图12-2 逆温层示意图

空气中悬浮颗粒物的增加。随着城市人口的增长和工业发展、机动车辆猛增，污染物排放和悬浮物大量增加。这些颗粒物中就包含我们熟知的$PM_{2.5}$，它是直径小于2.5微米的颗粒，能折射大量的可见光，留给我们一个能见度很低的世界，但是我们看不见它，因为肉眼能看到的颗粒物，最小的也是它的20倍。

二、雾和霾的危害不容小觑

1. 影响交通。雾和霾被公认为是对交通影响最大的灾害性天气现象之一，雾和霾导致空气能见度大大降低，容易造成航班延误甚至取消，高速公路关闭，引发海陆空交通受阻和事故多发等一系列问题。

2．危害健康。由于雾中含有各种酸、碱、盐、胺、酚、尘埃、病原微生物等有害物质，其含量是普通大气水滴的几十倍，霾中含有数百种大气化学颗粒物质，其中对人体健康有害的主要是 $PM_{2.5}$ 和 PM_{10}，它们对老人和儿童健康所构成的威胁尤其大。雾和霾可以引起急性上呼吸道感染、急性气管炎、支气管炎、肺炎、哮喘等多种疾病，霾中的微小颗粒能直接进入并黏附在人体呼吸道和肺叶中，尤其是更小的颗粒会分别附着在上、下呼吸道和肺泡中，引起鼻炎、支气管炎等病症，长期处于这种环境还可能诱发肺癌（图 12–3）。另外，持续不散的雾和霾还会导致近地层紫外线的减弱，易使空气中的传染性病菌活性增强，造成传染病增多，加重老年人循环系统的负担，可能诱发心绞痛、心肌梗死、心力衰竭等致命疾病；同时，紫外线的缺乏易使儿童体内吸收钙的维生素 D 生成不足，引起佝偻病、生长减慢等疾病的发生。此外，阴沉的雾和霾天气由于光线较弱及低气压，容易使人精神懒散，产生悲观失落情绪，长期如此，对身心健康极为不利。雾和霾已成为威胁人类社会健康的主要灾害之一。

PM_{10}
直径小于等于10微米的颗粒物，又称可吸入颗粒物，颗粒直径在2.5～10微米之间，能够进入上呼吸道，但部分可通过痰液等排除体外，也可以被鼻腔内部的绒毛阻挡，对人体危害较小。

$PM_{2.5}$
直径小于等于2.5微米的颗粒物，又称可入肺颗粒物，被吸入人体后可直接进入支气管，干扰肺部的气体交换，引发哮喘、支气管炎和心血管病等疾病。$PM_{2.5}$含大量有毒、有害物质，且在大气中停留时间长、输送距离远。

PM_1
目前$PM_{2.5}$约占PM_{10}的一半以上，而PM_1占$PM_{2.5}$中的绝大部分。此外，更小的颗粒物，会更容易携带大气中的致癌物质，进入人体内。

$PM_{0.5}$
进入肺泡后，可越过血气屏障，进入心血管系统引起疾病，甚至还能干扰神经系统。

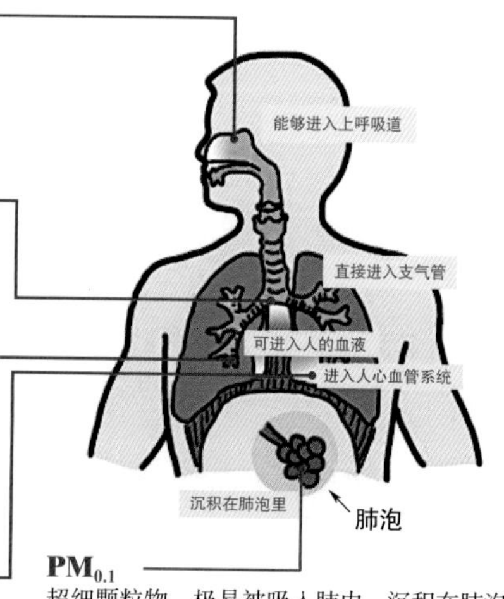

$PM_{0.1}$
超细颗粒物，极易被吸入肺内，沉积在肺泡里，$PM_{0.1}$的表面积非常大，使得超细粒子成为极其有效的有机物和重金属的载体。

图 12–3　微小颗粒物对人体的危害

灾害掠影

2007 年 12 月 4 日，浙江省境内的杭金衢高速公路（诸暨段）因为大雾发生了一起 33 车相撞的重大交通事故（图 12-4），造成 1 人死亡 7 人受伤，千余车辆受阻，交通中断达 3 小时。

图 12-4 杭金衢高速公路（诸暨段）发生重大交通事故

2013 年 1 月 10—15 日，浙江受持续的大范围的雾和霾天气影响（图 12-5），多条高速公路采取限时封道，但交通事故仍接连不断，如杭浦高速 1 月 15 日上午发生 20 辆汽车追尾事故，造成 2 人死亡 10 人受伤；各大医院呼吸内科就诊人数增加近三成，省内多地药店医用口罩一度脱销。

图 12-5 雾和霾笼罩中的杭州西湖

针对雾和霾灾害，当地气象部门会发布相应的大雾预警信号或霾预警信号。

大雾预警信号共分为黄色、橙色和红色三个等级，气象部门主要依据当前或未来一段时间内能见度的大小及可能造成的影响等来发布不同等级的预警信号。以下是大雾预警信号的图标（具体含义和防御指南见附录 1）：

霾预警信号不仅包含能见度的影响，同时也包含 $PM_{2.5}$ 颗粒物的浓度。霾预警信号共分为黄色、橙色和红色三个等级，以下是霾预警信号的图标（具体含义和防御指南见附录 1）：

历史上的重污染事件

历史上，很多国家都发生过因颗粒物引起的空气污染事件，如 1930 年比利时马斯河谷烟雾事件、1943 年洛杉矶烟雾事件、1948 年美国多诺拉烟雾事件、1952 年英国伦敦烟雾事件。其中英国伦敦烟雾事件影响深远。1952 年 12 月 5—9 日，由于逆温层作用及连续数日无风，煤炭燃烧产生的多种气体与污染物在伦敦上空蓄积，12 月 5 日开始，城市连续四天被浓雾笼罩，能见度极低，司机甚至需要人坐在引擎盖上指引才能开车。四天的浓雾造成 1.2 万人死亡，这是和平时期伦敦遭受的最大灾难。

这一事件直接推动了 1956 年世界上第一部空气污染防治法案《英国洁净空气法案》的通过，此后英国又出台了一系列的空气污染防控法案，对各种交通污染、废气排放进行了严格约束，并制定了明确的处罚措施，有效减少了烟尘和颗粒物。英国政府通过推动家庭转向天然气等取暖、从大城市迁出火电厂、限制私家车、发展公共交通、建立节能写字楼、提高现有建筑能源利用率、利用新能源等方式，经过近三十年努力，才甩掉了“雾都”的帽子。

三、雾和霾应灾指南

（一）雾、霾天气你该如何做好防护

居家：关闭门窗，使用空气净化器

在雾和霾天气条件下，居室应关闭门窗，使用空气净化器改善室内空气质量，选择可以去除 $PM_{2.5}$ 的多功能复合型空气净化器效果较好，等到日出霾散之时再开窗换气。

出行：减少外出，尽可能戴口罩

雾和霾天气你应尽可能减少出门。取消晨练等户外运动，因为雾和霾一般在早晨比较严重，到了下午和傍晚则会逐渐减轻。出门时最好戴上医用口罩防护，N95、KN90 等型号的专业防护口罩密封性强、孔径非常小，都对 $PM_{2.5}$ 有很好的防护作用，而普通的棉纱口罩和流行的个性口罩、卡通口罩，对细小颗粒的过滤效果欠佳。外出归来，应立即洗手、洗脸、漱口、清理鼻腔及清洗裸露的肌肤。

饮食：清淡为主，多吃蔬菜水果

雾和霾天气的饮食宜选择易消化且富含维生素 A、β－胡萝卜素的食物，多吃新鲜蔬菜和水果，多饮水，少吃刺激性食物，这样不仅可补充各种维生素和无机盐，还能起到润肺除燥、祛痰止咳、健脾补肾的作用。梨、橙子、百合、黑木耳等具有滋阴润肺功效的食物更是大力推荐。对于抵抗力弱的老人和儿童，还要保持规律的生活习惯，避免过度劳累。有哮喘、慢性阻塞性肺病的患者，应按时服药。

（二）为减少雾、霾天气你能做些什么

我国中东部地区的雾、霾天气多数是排放过多造成的，与伦敦烟雾不同的是，现在人们对这一问题的认识更加深入，也有一些国际的先进经验可以借鉴，并且早在十几年前政府就采取了一系列措施来控制排放。对于我们，则可以：

- 尽量选择环保出行，减少使用私家车，从而进一步减少机动车排放；
- 少用纸巾，随手关灯，拒绝一次性餐具，合理调节空调温度，不让家电设备处于待机状态；

在家里多放一些盆栽植物，比如吊兰、绿藤、芦荟、常青藤等，因为植物是空气负离子产生的主要来源。不过像水仙、含羞草、松柏等就不太适合放在室内了，它们可是带有微量毒性的，一定要分清。

参考文献

侯伟芬，王家宏，2004. 浙江沿海海雾发生规律和成因浅析［J］. 东海海洋，22（2）：9–12.

林建，杨贵名，毛冬艳，2008. 我国大雾的时空分布特征及其发生的环流形势［J］. 气候与环境研究，**13**（2）：171–181.

刘小宁，张洪政，李庆祥，等，2005. 我国大雾的气候特征及变化初步解释［J］. 应用气象学报，**16**（2）：220–230.

王镇铭，杜惠良，杨诗芳，等，2013. 浙江省天气预报手册［M］. 北京：气象出版社.

中国可持续发展研究会，2012. 中国自然灾害与防灾减灾知识读本［M］. 北京：人民邮电出版社.

中国气象局，2007. 地面气象观测规范［M］. 北京：气象出版社.

朱乾根，林锦瑞，寿绍文，等，2000. 天气学原理与方法［M］. 北京：气象出版社.

相关网站

http://www.weather.com.cn/

http://www.tianqi.com/

http://www.xinhuanet.com/

第十三章　风　雹

冰雹、雷雨大风、龙卷风等这些“暴脾气”的天气都属于风雹天气，它是浙江常见的一类灾害性天气。风雹产生于积雨云中，故又称“对流性风暴”或“强雷暴”，是由强对流天气引起的，这些灾害性天气生命史短、局地性强，但破坏力很大。通过本章的阅读，你可以了解雷雨大风、冰雹和龙卷风的形成和危害以及应对措施。

一、什么是风雹

（一）风雹种类与形成

风雹通常是指由强对流天气引起的雷雨大风、冰雹、龙卷风、雷电等灾害性天气。本章主要介绍前三种，有关雷电具体可参见第八章。

1．雷雨大风

乌云滚滚，电闪雷鸣，狂风大作，描写的就是雷雨大风，这时候的风力往往达到或超过8级风。当雷雨大风发生时，狂风伴随暴雨，有时还会伴有冰雹。雷雨大风生命史极短，涉及的范围也小，一般只有几千米到几十千米。不过，雷雨大风也可产生在台风天气中，这种雷雨大风相比其他雷雨大风而言，生命史就要长一些，强度和破坏力也更大一些。如图13-1所示。

2．冰雹

“大珠小珠落玉盘”，冰雹的降落可没有那么诗意。那些坚硬的呈球状、锥状或形状不规则的冰雹从积雨云中降落可不是好玩

的。一般来说，冰雹降落的同时，往往还有“雷暴”天气与之相伴。冰雹的形成较为复杂，在对流云中，水汽随气流上升遇冷会凝结成小

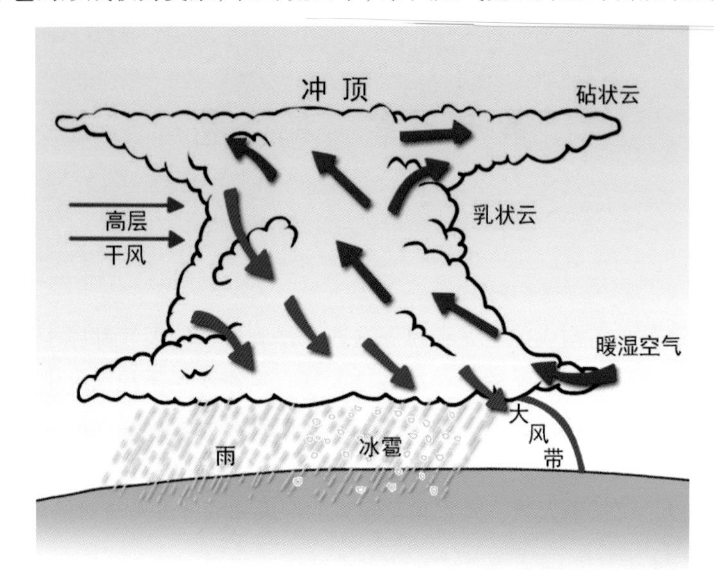

图 13-1　雷雨大风结构示意图

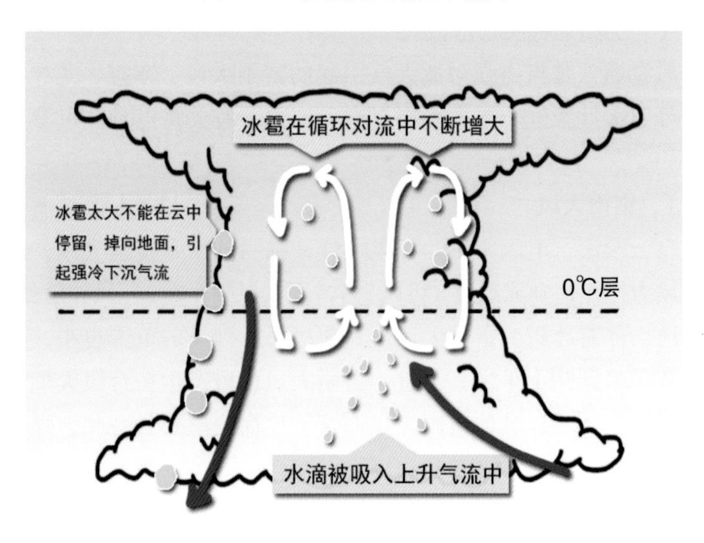

图 13-2　冰雹形成过程示意图

水滴，随着高度增加温度降低到0℃以下时，水滴就凝结成冰粒，在它继续上升过程中，会吸附其周围小冰粒或水滴而长大，直到其重量无法为上升气流所承载时即往下降。当其降落某一高温度区时，其表面会融化成水，同时也会吸附周围小水滴，此时如果又遇强烈上升气流会再被抬升，其表面则又凝结成冰。如此反复进行，其体积越来越大，就像“滚雪球”，当上升气流再也托不住不断增大的冰粒时，就会降落到地面，成为我们所看到的冰雹了（图13-2）。冰雹形成的时间很短，一般仅有5～10分钟。其直径一般为5～50毫米，大的可达30厘米以上。

3．龙卷风

“龙斗于浙江，因过于郛郭，坏庐舍，或吸居人，浮室而去，数里方坠，亦有死者”，这是史料记载的发生于唐光化三年（900年）浙江首例龙卷风伤人事件。龙卷风是一种强烈的小范围空气涡旋，是自然界破坏力最强的风雹。其外形像一个巨大的漏斗，通常表现为积雨云中向地面伸出的一条状如龙头或龙尾的云柱，也有的似大象的鼻子，人们以形定名，称之为龙卷风（图13-3）。龙卷风的“脾气”

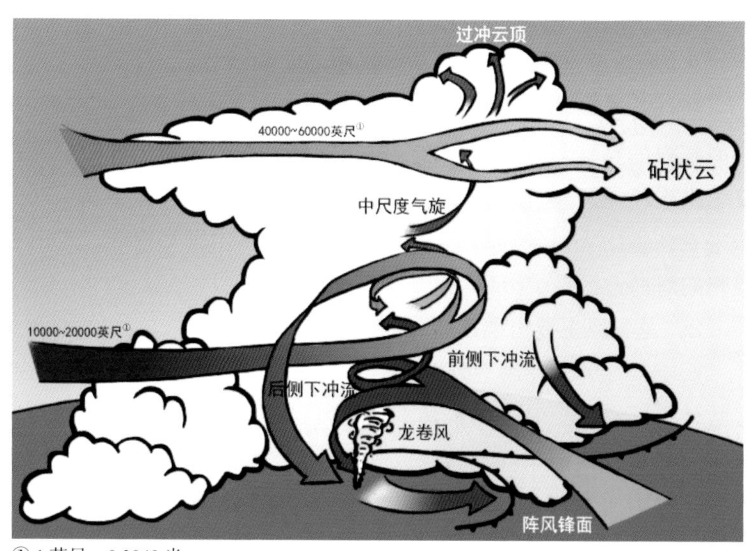

①1英尺＝0.3048米。

图13-3　龙卷风形成示意图

极其粗暴，在它所到之处，同时伴有狂风、暴雨、雷电或冰雹，吼声如雷。通常情况下，如果龙卷风经过居民点，天空中便飞舞着砖瓦、断木等碎物，因风速很大，也能使人、畜伤亡。

龙卷风除了陆龙卷，还有水龙卷。水龙卷俗称龙吸水或龙吊水，是出现在温暖水面上空的龙卷风。水龙卷的直径一般比陆龙卷略小，其强度较大，维持时间较长，在海上往往是集群出现，危险程度不亚于陆龙卷（表 13–1）。

表 13–1　龙卷风的特征

水平范围	直径一般几米到几百米之间，最大可达 1 千米左右。
风速	可达 100 米 / 秒以上，最大可达 200 ～ 300 米 / 秒，相当于 12 级台风的 6 ～ 9 倍。
移动速度	平均约为每小时 55 千米，最快可达每小时 250 千米。
所经路程	短的只有 300 米左右，个别长的可达 300 千米，由多个龙卷相继出现而造成。
持续时间	通常 15 ～ 30 分钟，最长的不会超过 1 小时。

（二）浙江是风雹频发之地

1．春夏季是雷雨大风和冰雹集中高发的季节

浙江常受风雹灾害影响，这主要是由于浙江地处北纬 30 度附近，东面临海的特殊复杂地形所致。每年的秋冬季，风雹出现较少，春夏季出现较多，其中以 7—8 月为最多，占全年的近一半。从空间分布来看，雷雨大风各地均有出现，但冰雹较多出现在内陆，舟山和温州的海岛地区很少出现。

2．龙卷风主要出现在浙北平原和沿海地区

影响浙江的龙卷风主要由两类天气系统所致，一是由飑线所致，多数伴有冰雹、短时强降水和雷雨大风，多发生在内陆平原河网地区，一般呈自西向东移动趋势；二是由台风外围云系或东风系统所致，一般由海上移来，发生于沿海平原和滨海地带。台前龙卷一般在台风登陆前数小时甚至 1 ～ 2 天内发生，如 2007 年的“圣帕”台风在福建省惠安县登陆前苍南就出现了龙卷。

图 13-4 为浙江省强对流天气风险区划。

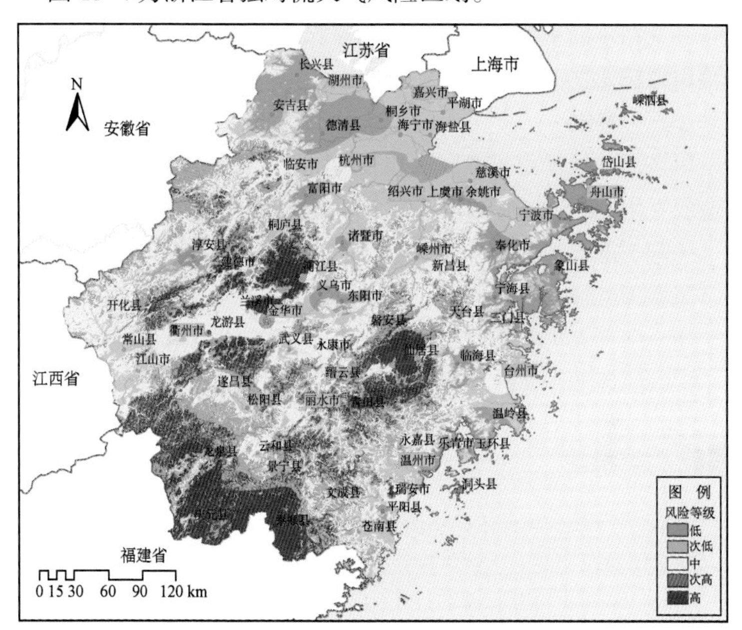

图 13-4 浙江省强对流天气风险区划

二、风雹的四大危害

风雹的危害主要表现在四个方面。

（一）大风

通常，陆地上的大风易毁坏地面设施和建筑物，直接造成人员伤亡，另外对农业影响也很大；海上大风则影响航海、海上施工和捕捞等。如果遭遇龙卷风，则会摧毁所经之处的村庄和社区，危害极大。

（二）冰雹

冰雹危害严重，一般会将农作物砸坏、砸死，建筑物砸塌等，在城市容易造成汽车被砸坏、经济损失惨重。每年 4—6 月是浙江乃至全国雹灾发生次数最多的时段，而这一时段恰好又是每年农业春耕季节，因此，冰雹对农业生产的影响非常大。冰雹的危害最主要表现在冰雹从高空急速落下，发展和移动速度较快，冲击力大，再加上猛烈的暴风雨，使其摧毁力得到加强，经常让人猝不及防，直

接威胁人畜生命安全，有的还导致人员伤亡。直径较大的冰雹会给正在开花结果的果树、玉米、蔬菜等农作物造成毁灭性的破坏，造成粮田颗粒无收，同时还可毁坏居民房屋。

（三）暴雨

风雹夹伴的暴雨一般时间比较短，但影响仍比较大。短时暴雨易造成农作物被淹、城市积涝等（暴雨的危害详见第六章）。

（四）雷电

风雹天气通常伴有雷电，强雷电常常造成人畜伤亡、建筑物损毁，还会引发火灾和爆炸，并对电力、通信和计算机等系统造成危害（雷电的危害详见第八章）。

灾害掠影

2016 年 5 月 2 日夜间，浙江丽水市青田县自西向东出现雷雨大风，所辖乡镇普遍出现 6 ~ 7 级阵风，部分达 8 ~ 9 级，仁庄镇应庄垟村有 3 株 500 年树龄的古树被折断，10 余棵大树被连根拔起，20 多户农民房屋受损，S230 省道中断 10 余小时（图 13-5）。

图 13–5　大树被风连根拔起

2014 年 3 月 19 日，浙江台州市出现冰雹，洪家气象站测得冰雹直径有 3.3 厘米，该次冰雹数量之多、雹体之密集均为近十几年来所少见，造成全市 22 万人受灾，直接经济损失约 1.4 亿元，其中农业损失 1.1 亿元，倒塌房屋 39 间（图 13-6）。

图 13-6　台州遭受罕见雹灾

除去台风与风雹天气，寒潮或冷空气影响时，往往也伴随大风的出现。针对大风灾害，当地气象部门会发布相应的大风预警信号，共分为黄色、橙色、红色三个等级，以下是大风预警信号的图标（具体含义和防御指南见附录 1）：

冰雹是浙江春夏季常见的灾害性天气，危害严重。气象部门将冰雹预警信号分为橙色和红色两个等级，以下是冰雹预警信号的图标（具体含义和防御指南见附录 1）：

专家解读

龙卷风预警防范目前仍是难题

龙卷风的破坏力极强，而生成和消散也非常迅速，几分钟内就能完成，破坏后就消失，令人猝不及防。提到龙卷，人们不由得想起台风，两者都会带来强风暴雨，但区别明显。如果台风是“巨无霸”，龙卷就是“小恶魔”。台风在卫星、雷达的监测下，其发生发展清晰可见。而龙卷，尺度小，神出鬼没，只能采用雷达做临近预报，且在精确定位上有困难。就目前

的科技条件，对龙卷的监测只能达到提前十几分钟，在这短短的时间内，要做出预警、发布、到达人群并做出防范，非常困难！

在部分发达国家，龙卷风高发区内的学校和媒体会向公众宣传龙卷风的危险性，并教育他们如何提高龙卷风出现时的逃生概率。在龙卷风高发的美国，公众常被建议购买专用天气收音机，以便可以收到美国国家气象局发出的危险天气警报。警报同时在收音机和电视中播出，大多数社团有民间防御警报，在认为龙卷风即将到达之前会启动。

三、风雹应灾指南

（一）风雹发生前

- 随时关注天气变化，注意观察是否有风暴正在接近；
- 通过广播、电视、网站等获取最新气象预报预警信息；
- 如果观察到有风暴正在接近或是以下的危险征兆，应立即做好避灾准备：

——暗沉并泛出绿色的天空；

——大冰雹；

——大片低沉暗淡的云（尤其是旋转的）；

——听到像货运列车一样的强烈呼啸声。如图 13–7 所示。

图 13–7　白昼顷刻变黑夜，往往预示着风暴即将来临

专家解读

如何看懂雷达回波图

学会看雷达回波图，可以帮助你更加透彻地理解和运用天气预报，从而提前做好防范。通常，当天气十分闷热时，高低空的冷暖温差很大，容易出现强对流。此时，可以通过浙江天气网、智慧气象APP等查看雷达回波图。

当雷达图上出现橙色，甚至红色、紫色的回波，并向自己所在城市移动时，就要当心了。一般而言，在雷达图上浅绿色部分表明有可能有降雨，深绿色地区则一定有降雨。亮黄色区域一般对应有每小时10毫米左右的降雨，暖红色雷达回波一般对应有每小时20毫米左右的降雨（暴雨倾盆），并且有可能出现短时雷雨大风、冰雹等强对流天气（如图13-8）。

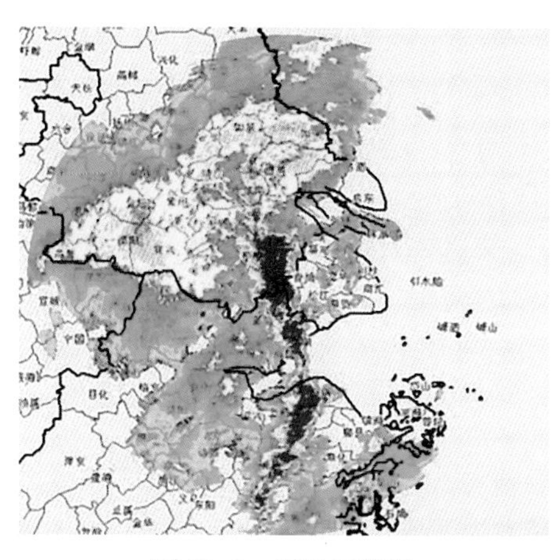

图13-8　雷达回波图

（二）风雹发生时

- 如在室内，应迅速关好门窗，并远离玻璃门窗，以免被破坏的门窗玻璃碎片伤到；
- 如在室外，要迅速进入建筑物等可抗击强风、抗击坠物的设施中，不要在头顶有玻璃、木板、易塌房屋、易断树枝等场所下躲避；

- 如在野外，用物品或手臂保护头部，并尽快转移到安全的建筑物内。

该怎么办

龙卷风来了！！！

遇有龙卷风时，最安全的是躲到地下室或半地下室，千万不要待在楼顶，或者跑出住宅，特别是要远离危险房屋和活动房屋。如果没有地下室，应迅速打开门窗，以减小房屋内外气压差而造成房屋倒塌损坏的程度。务必远离门、窗和房屋的外围墙壁，躲到与龙卷风方向相反的墙壁或小房间内抱头蹲下；同时用厚实的床垫或毯子罩在身上，以防被掉落的东西砸伤。

如果在野外遇到龙卷风，应迅速向龙卷风前进的相反方向或垂直方向回避，不要停留在桥、高坎、海岸附近。来不及逃离的，应尽量到低洼地区躲避，但要远离大树、电线杆、简易房等，以避免被砸、被压或触电。如果附近没有屏障，则应平伏于低的地面，但要注意保护好自己的头部，也要注意水淹的可能。

如在汽车中，应及时离开，因为汽车本身没有防御龙卷风的能力，一旦汽车和人同时被龙卷风卷起，危害更大。另外，在电线杆或房屋已倒塌的紧急情况下，要尽可能切断电源，以防触电或引起火灾。

如在海上遇到大风，可参考第七章“海上遇到台风”的有关内容。

（三）风雹发生后

主要警惕由风雹灾害带来的其他灾害。例如极具破坏性的龙卷风，摧毁基础设施，暴露有害物质等。

- 在龙卷风结束后，应和家人聚在一起等待救援人员抵达；
- 要远离电线，以及有电线落入的水坑；
- 不要使用火柴和打火机，因为附近可能会有燃气泄漏；
- 保持镇定，听从救援人员或当地官员的指挥。

具体可参考第三篇有关内容。

参考文献

董加斌，胡波，2007. 浙江沿海大风的天气气候概况［J］. 台湾海峡，**26**（4）：63-70.

国家减灾委员会，中华人民共和国民政部，2009. 全民防灾应急手册［M］. 北京：科学出版社.

美国国土安全部，2010. 你准备好了吗？——公民应急准备指南［M］. 尚红，杜晓霞，隋建波，等，译. 武汉：中国地质大学出版社.

寿绍文，励申申，姚秀萍，2003. 中尺度气象学［M］. 北京：气象出版社.

王镇铭，杜惠良，杨诗芳，等，2013. 浙江省天气预报手册［M］. 北京：气象出版社.

赵秀英，吴宝俊，2005. 风暴强度指数 SSI［J］. 气象，**26**（5）：55-56.

浙江省气象志编纂委员会，1999. 浙江省气象志［M］. 北京：中华书局.

浙江省人民政府应急管理办公室，浙江省科学技术厅，浙江省地震局，等，2005. 公众防灾应急手册［M］. 杭州：浙江人民出版社.

中国可持续发展研究会，2012. 中国自然灾害与防灾减灾知识读本［M］. 北京：人民邮电出版社.

中国气象局，2007. 地面气象观测规范［M］. 北京：气象出版社.

朱乾根，林锦瑞，寿绍文，等，2000. 天气学原理与方法［M］. 北京：气象出版社.

相关网站

http://www.weather.com.cn/

http://www.tianqi.com/

http://www.xinhuanet.com/

第十四章　地质灾害

泥石流、崩塌、滑坡……大量石块、泥土和其他碎片从山坡滚落，摧毁房屋，严重的甚至会掩埋整个村庄，这些均属于地质灾害。多数情况下，地质灾害是由自然因素或人为活动引发的。因此，地质灾害防御不仅是指预防、躲避和工程治理，更需要努力提高人类自身的素质，自觉地保护地质环境，从而达到避免或减少地质灾害的目的。通过本章的阅读，可以帮助你更好地应对地质灾害。

一、什么是地质灾害

（一）地质灾害和强降雨息息相关

地质灾害是指自然因素或人为活动引发的危害人民生命和财产安全的与地质作用有关的灾害，包括山体崩塌、滑坡、泥石流、地面塌陷、地裂缝、地面沉降等。

浙江省地处中国东南沿海，地形以山地、丘陵为主，雨量充沛，属于地质灾害的多发区域，危害最大的突发性地质灾害如泥石流、滑坡、崩塌等均有发生。突发性地质灾害受降雨影响较大，通常发生在降雨较多的梅雨季节和台风季节。

据有关资料显示，截至 2010 年，浙江省共有地质灾害及隐患点 6822 处，山区的每个乡镇都有灾害点分布。突发性地质灾害易发区面积占浙江陆域面积的 78%，主要分布在浙南和浙西北丘陵山区；其中高、中易发区占易发区总面积的 30%，涉及近 410 多个山区乡（镇），约 550 万人。地面沉降主要分布在浙江北部和东部的平原地区，地面沉降造成的经济损失超过500亿元。

（二）危害最大的三类地质灾害

地质灾害危害最大的要数泥石流、滑坡、崩塌等突发性地质灾害，它们究竟有哪些不同呢？

1．泥石流

泥石流是山区沟谷或斜坡上由暴雨、冰雪消融等引发的含有大量泥沙、石块和各种碎片的特殊洪流（图14–1）。泥石流常与山洪相伴，其来势凶猛，在很短的时间内，大量泥石流横冲直撞，冲出沟外，在宽阔地带形成堆积区。泥石流的破坏性很强，冲毁道路，堵塞河道，甚至淤埋村庄、城镇，给生命财产安全和经济建设带来极大危害。

图14–1　泥石流示意图

2．滑坡

斜坡上的岩土体受河流冲刷、地下水活动、地震及人工切坡等影响，在重力作用下沿着一定的软弱面（或软弱带）整体或分散地顺坡下滑，这种现象叫作滑坡，俗称“走山”（图14–2）。滑坡大多数是在暴雨或人类活动后突然发生，也有滑坡体经历数年、数十年的缓慢变化后突然滑动的情况。引起滑坡的主要诱发因素有地震、降雨或融雪；河流、洪水等地表水对斜坡坡脚的不断冲刷；人类的活动，如开挖坡脚、坡体堆载、爆破、水库蓄水、泄洪、开矿等；此外，海啸、风暴潮等也可诱发滑坡。

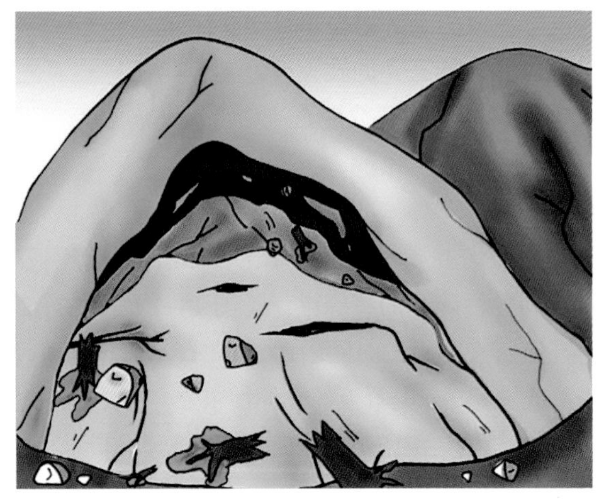

图 14–2　滑坡示意图

3．崩塌

陡坡上的岩土体在重力作用下突然脱离山体发生崩落、滚动，最后堆积在坡脚或沟谷的地质现象，称为崩塌，又称塌方（图 14–3）。引发崩塌的原因和滑坡类似，其中有自然因素，如大雨、暴雨和长时间连续降雨，地表水的冲刷等；也有人为因素，最多见的是坡脚开挖，造成陡峭面而发生崩塌灾害。崩塌的影响范围和规模比滑坡相对要小，但崩塌是急剧的、短促的、猛烈的，同样有很大的破坏作用。

图 14–3　坠落型崩塌示意图

二、地质灾害小灾却有大害

就浙江而言，地质灾害类型以滑坡为主，占灾害总数70%以上；灾害规模绝大多数为小型地质灾害，占90%以上。但由于浙江人口密集，小型地质灾害（尤其是泥石流）一旦成灾往往造成重大灾害。据统计，在2001—2010年，浙江因地质灾害共造成192人死亡失踪，直接经济损失达数亿元。

浙江的崩塌、滑坡、泥石流等地质灾害，80%以上成灾前无明显征兆，从发生到结束，往往历时仅几分钟到数十分钟，部分小滑坡、小崩塌仅几秒钟或数十秒钟就完成，突发性表现得尤其明显；另外浙江地质灾害主要集中在5—9月，一次强降雨过程、特别是台风影响时的强降雨，还常常群发与链发崩塌、滑坡、泥石流等地质灾害，造成重大生命财产损失。

灾害掠影

2016年5月7日凌晨，浙江临安市清凉峰镇多处发生泥石流，造成7900余人受灾，倒塌和严重受损房屋106间，农作物受灾面积2440亩，公路中断3条次、通信中断1条次、部分电力受损（图14-4）。

图14-4 浙江临安市清凉峰镇发生泥石流

2016年9月，浙江遂昌县北界镇苏村发生山体滑坡，山体滑坡塌方量70余万立方米，造成重大人员伤亡和财产损失（图14-5）。

图 14–5　浙江遂昌县发生的重大山体滑坡

突发性地质灾害和降雨关系密切，因此，国土部门与气象部门联合研发了地质灾害气象风险预警产品，并向社会公众发布。地质灾害气象风险预警共分为蓝色、黄色、橙色和红色四个等级（表 14–1），你可以从省国土厅网站以及浙江天气网查询到相关信息。

表 14–1　地质灾害气象风险预警等级

预警信号图标	发布标准	收到预警信号后你该怎么做
一级	发生地质灾害的气象风险很高	紧急疏散和撤离，准备应急抢险
二级	发生地质灾害的气象风险高	停止灾害隐患点附近户外作业，做好随时转移准备
三级	发生地质灾害的气象风险较高	灾害点附近和灾害高中易发区人员需密切关注降雨情况
四级	发生地质灾害的气象风险较低	关注降雨情况

三、地质灾害应灾指南

（一）滑坡或泥石流发生前

- 不要在陡坡、山体边缘、排水沟渠和山谷附近修建房屋或设施；
- 由于柔性配件不易破损，因此，应在家中安装软管以避免燃气和水在灾害发生时产生泄漏（需要注意的是，只有燃气公司或专业人士才能安装相关配件）；

- 对财产进行全面评估；
- 随时关注灾害预报预警信息，事先选好撤离路线；
- 咨询专业人士以获得正确的指导；
- 有大暴雨天气时避免在山区的交通沿线、旅游景区内活动或逗留。如图 14–6 所示。

图 14–6　事先明确撤离路线并标在显著位置

专家提醒

识别滑坡发生的征兆

- 地表特征发生变化，例如雨水径流模式的改变、地块移动、小型滑坡以及树木逐渐倾斜；
- 门窗缝隙突然消失；
- 石膏、瓷砖、地砖和地基上出现新的裂缝；
- 外墙、人行道或楼梯开始偏离建筑物；
- 地面、街巷或道路上出现缓慢增大的裂缝；
- 地下管道断裂；
- 斜坡底部出现突起；
- 地面出现渗水或涌水，或者井水突然干涸；
- 围墙、电线杆或树木出现倾斜或移动；
- 微弱的轰隆声，当滑坡临近时轰隆声会变大；
- 地面开始倾斜并可能出现平移；
- 由于物体碎块移动而产生的异常声音，例如树木断裂或石块碰撞的声音；

- 在开车途中发现的任何预示即将发生滑坡的可疑迹象，例如路面坍塌、石块滚落等（路旁的河堤尤其容易发生滑坡）；
- 动物惊恐异常，例如猪、狗、牛等家畜惊恐不宁、不入睡，老鼠乱窜不进洞；
- 一旦发现有滑坡的征兆，应立即报告请求救援，并通知其他受威胁的人群。

（二）滑坡或泥石流发生时

- 尽可能远离滑坡或泥石流的移动方向；
- 迅速转移到两侧的稳定区，不要在谷底或山坡下躲避、停留；
- 如果确实无法躲避，则应该蜷缩身体呈团状并尽可能保护头部；
- 一定不要和房屋、围墙、电线杆靠得太近；
- 行人与车辆不要进入或通过有警示标志的滑坡、泥石流危险区。如图 14–7 所示。

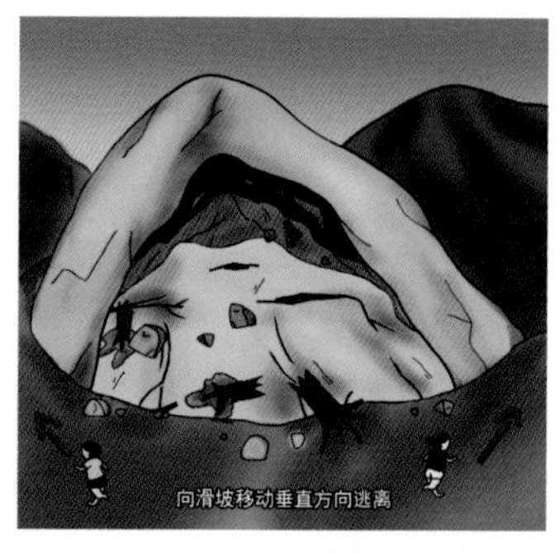

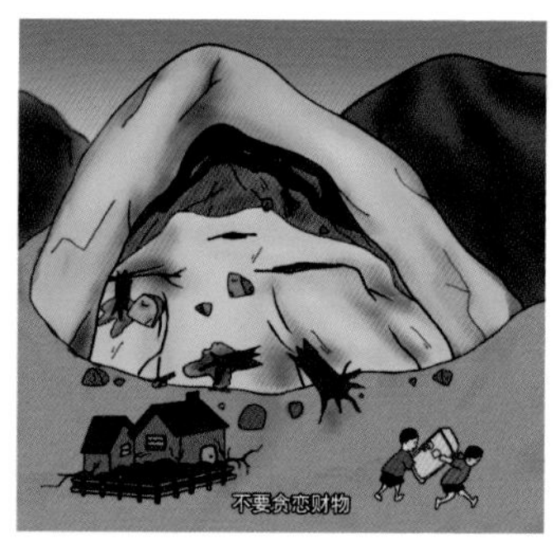

图 14–7　滑坡发生时注意事项

（三）滑坡或泥石流发生后

- 由于滑坡发生区可能发生二次滑坡，因此，应远离滑坡发生区；
- 在避免进入滑坡发生区的情况下搜寻受伤或被困人员，并引导救援人员前往伤员或受困人员所在地；
- 警惕其他由滑坡导致的危险因素，例如断裂的电缆、水管、燃气管、下水管、道路以及铁轨；
- 由于受损的路面更容易被侵蚀，从而导致水土流失进而引起山洪和更多的滑坡，因此，应在灾害发生后尽快修复受损路面；

- 向土木工程专业人士咨询专业意见，评估滑坡灾害或者采取有效的设计和技术以降低滑坡发生的风险；
- 经专家鉴定地质灾害险情或隐患已消除，或者得到有效控制后，当地政府撤销划定的地质灾害危险区，转移后的灾民才可撤回居住地。

崩塌采取的防御措施可参照滑坡，此处不再赘述。

专家提醒

对土地的管理使用不善往往会加剧地质灾害的发生，尤其是在山区和沿海地区。土地的合理规划与利用、专业的勘探以及合理的设施设计等都会极大降低发生地质灾害的风险。

参考文献

关凤峻，2010．崩塌　滑坡　泥石流防灾减灾知识读本［M］．北京：地质出版社．

国家减灾委员会，中华人民共和国民政部，2009．全民防灾应急手册［M］．北京：科学出版社．

美国国土安全部，2010．你准备好了吗？——公民应急准备指南［M］．尚红，杜晓霞，隋建波，等，译．武汉：中国地质大学出版社．

唐增才，袁强，2007．浙江地质灾害发育类型和分布特征［J］．灾害学，**22**（1）：94–97．

浙江省人民政府应急管理办公室，浙江省科学技术厅，浙江省地震局，等，2005．公众防灾应急手册［M］．杭州：浙江人民出版社．

中国可持续发展研究会，2012．中国自然灾害与防灾减灾知识读本［M］．北京：人民邮电出版社．

相关网站

http://www.weather.com.cn/

http://www.tianqi.com/

http://www.xinhuanet.com/

第十五章 森林火灾

对于居住在偏远的山坡或山谷，或者是植被茂盛的森林附近的人来说，遭遇森林火灾的风险就较高。这些火灾通常是由天气条件或者意外事件引发的，其蔓延的速度较快。通过本章的阅读，你可以了解森林火灾的特点和原因以及如何防御和应对森林火灾。

一、什么是森林火灾

（一）森林火灾的定义和特点

森林火灾通常是指失去人为控制，在林地内自由蔓延和扩展，对森林、森林生态系统和人类等带来一定危害和损失的林火行为。浙江是个多山多林的省份，2014 年全省林地面积约 659.77 万公顷，其中森林面积 604.99 万公顷，森林覆盖率在 60% 左右，位居全国前列。受森林分布、气候及人为等因素影响，浙江省森林火灾大致呈现出以下特点：

1．发生时间具有明显的季节性

11 月到翌年 4 月是森林火灾高发时期，其中 2—4 月是特别紧要期。浙江冬春季晴冷干燥、季风盛行，植物干枯、落叶丰厚，正值岁末交接之时人们野外用火较多，迎合了森林“燃烧三角学”中气象条件、森林植物体和火源的最佳条件，致使火灾易发。

2．发生时间具有明显的日间变化

森林火灾多发生在白天，高峰期在上午 10 点至下午 3 点左右，受气象条件影响这段时间通常是一天中温度较高而湿度较小的时段。

3．发生火灾的植被类型特点

森林火灾以针叶林发生火灾的次数、面积最多，其次是针阔混交林。

4．火灾多为人为因素起火

浙江省的森林火灾大多由人类活动造成，其中烧荒烧灰、上坟烧纸、吸烟等原因造成了高发期内近八成火灾。

（二）森林火灾是怎么产生的

引发森林火灾的因素有：

- 自然天气条件引发的。高温干旱容易引发森林火灾，如果在这样的气候背景下，遭遇闪电天气，森林火灾发生的可能性就更大了。从世界范围内来看，大约一半以上森林大火是自然发生，该类火灾多发生于气候炎热干燥的多林国家。
- 人为故意或意外引发的。比如烧荒垦地、烧灰积肥，野外吸烟、上坟烧纸以及故意纵火等。秋冬及初春时节，我国气候干燥、荒地枯木繁多，而冬至、春节、清明又往往是百姓祭祖的时节，容易引发火灾。

（三）森林火灾也是可以监测的

- 地面巡防，一般由护林员、林警等专业人员通过步行、骑马、骑摩托等方式执行。
- 瞭望台观测，通常采用瞭望台登高望远来发现火情，目前一些先进的技术和手段也已经应用到瞭望台上，如红外探测仪、电视探测和林火定位仪等。
- 航空巡护，就是利用飞机沿一定的航线在林区上空巡逻，观察火情并及时报告基地。
- 遥感监测，就是利用气象卫星进行监测，通过影像分析判断着火点。

二、森林火灾破坏性大

森林火灾是一种突发性强、破坏性大、处置救助较为困难的灾害。它不仅会破坏森林生态系统的平衡，而且会严重影响到居民财产、交通、大气环境和人们日常生活。受全球气候变暖等因素影响，

多地持续高温干旱情况加剧，全球森林大火呈现增多趋势。因此，增强公众森林防火意识和完善防火措施依然非常重要。

根据易引发森林火险的气象条件，气象部门会发布森林火险气象等级预报，共分为五级，森林火险等级越高，危险性越大（见表15–1），有关浙江森林火险气象等级预报，你可通过浙江天气网查看。

表 15–1　森林火险气象等级预报的含义

级别	名称和危险程度	防御建议
一级	低火险等级，危险程度低，易燃程度难，蔓延扩散程度难	
二级	较低火险等级，危险程度较低，易燃程度较难，蔓延扩散程度较难	
三级	较高火险等级，危险程度较高，易燃程度较易，蔓延扩散程度较易	须加强防范
四级	高火险等级，危险程度高，易燃程度容易，蔓延扩散程度容易	林区须加强火源管理
五级	极高火险等级，危险程度极高，易燃程度极易，蔓延扩散程度极易	严禁一切林内用火

灾害掠影

1．2000年3月29日10时，在浙江省临海市尤溪镇坎头村叠石岩地方，由于该村农民黄某在荒田里烧草，引起重大森林火灾，历时15小时。受害森林面积164公顷，烧毁林木蓄积5799立方米，直接经济损失28.9万元。

2．2013年8月5日14时10分，浙江省杭州市富阳区新登镇长兰村大坞发生森林火灾（图15–1）。火灾由未燃尽的烟蒂或其他火源接触地表可燃物引起，历时45小时，过火面积72.9公顷，森林受害面积25.1公顷，投入扑火经费近30万元。从气象条件来看，富阳地区在火灾发生前一个月（7月7日至8月5日）平均气温为31.9℃、累计降水量仅为9.3毫米，因此，夏末高温干旱的气象条件是引发火灾的重要因素。

图 15-1　2013 年杭州富阳区新登镇长兰村大坞森林火灾现场

三、森林火灾应灾指南

（一）森林火灾发生前

- 关注森林火险气象等级预报等信息，在较高火险等级以上的气象条件下，严禁在森林及野外用火。
- 如果你家靠近树林或森林，向当地有关部门（林业部门、消防部门或森林防火指标部办公室）了解当地的《森林火灾应急预案》，并熟悉火灾逃生路线和避灾方案。
- 清理房屋周围杂物，以建立防火缓冲区。包括：
  - 清理房顶上和房屋周围的落叶；
  - 拔除或修剪房屋周围杂草；
  - 清理较低的树杈；
  - 将柴火堆放在房屋的缓冲区以外；
  - 将易燃易爆液体放在金属容器里并放在远离房屋的地方。
- 在房屋周围增加阻燃材料，或增加阻燃构件。例如：
  - 在房屋周围种植耐火植物以防止火灾发生时火情快速蔓延；
  - 利用具有防火功能的屋顶和诸如石头、砖块或金属类的材料来保护房屋；

- 安装钢化安全玻璃的窗户或使用防火隔板来保护窗户免受热浪的破坏。

- 确保消防部门可以使用消防栓、水池、游泳池和水井等水源。
- 遵守当地的用火法规。

（二）森林火灾发生时

1．请及时拨打火灾报警电话：119

拨打火灾报警电话应该讲清什么？

拨打火警电话时要注意言简意赅，讲清以下内容：

1．起火单位；

2．起火地点（乡镇、街巷、门牌号）；

3．什么物品着火、火势大小如何、有无易燃易爆品、危险化学品、是否有被困人员；

4．报警人姓名、联系电话；

5．清楚、简洁回答消防人员的其他询问。

2．如果你在家中

如果时间允许，请逃生前采取以下措施：

- 关闭管道燃气阀、关闭液化气罐；
- 关闭所有室内门窗，密封房屋和地面通风口；
- 将易燃的庭院家具搬进室内；
- 将不怕水的贵重物品放置在水池中；
- 尽可能将房屋以及室外地面、墙面和屋顶打湿；
- 清除房屋附近的杂草或将其打湿；
- 将耙子、斧头、手锯或电锯、水桶以及铲子等消防工具整理放在一起；
- 车头朝外将车停在车库里或将其停放在面向逃生方向的开阔地带，关闭车门和车窗，把钥匙插在车上但不要锁上车门；
- 随时关注火情，准备向远离火灾发生的区域逃生。

3．如果你在森林火灾现场

请灵活选取以下方法做好自我防护：

- 尽快撤到大火烧过的地方；
- 快速向山下跑，切忌往山上跑；
- 如有水源，应当使用沾湿的毛巾遮住口鼻，最好将身上的衣物浸湿，以防止高温、烟熏和一氧化碳造成的伤害；
- 如果确实被火包围，按紧急程度依次采取以下措施：
  - 点火：主动点火烧掉周围可燃物，并进入烧过后的空地卧倒；
  - 卧倒：选择开阔地，脚向火头方向卧倒，将外衣翻盖头部，同时迅速在地上扒一浅坑，用双手捂住头脸部贴于坑底，并深吸一口气，待火龙烧过为止；
  - 突围：危急关头，迅速选择火势较弱处用衣物盖住头部，迎着火龙，冲出火场。切记不能与火同向赛跑。

4．如果你参与到救火队伍

请注意遵循规律、灵活应对：

- 进入火场之前，要明确脱险的路线和方法，并立即开辟防火隔离带；
- 注意扑救原则是“打早、打小、打了”。打早是指及时扑火；打小是指扑打刚发生的火；打了是指扑火要彻底；
- 进入火场，要沿火龙顺风向扑打。注意风向，切记风向即为火蔓延的方向；
- 若发现有被火包围的危险时，千万不要惊慌，不要顺着打火蔓延的方向跑，应视火场变化情况，迅速寻找自救解脱方法。

5．如果身边有人在火灾中受伤

请及时适当采取措施：

- 一氧化碳中毒：应立即将患者移到空气新鲜的地方进行人工呼吸，并找合适时机送往医院。
- 外伤出血：应先及时用手指压迫止血，然后寻找绷带或代用品包扎。出血严重时，有条件的可以用止血带止血，并尽快寻找机会送往医院。
- 骨折：伤口出血要立即止血，然后寻找夹板固定，夹板可用木棍、

树皮代替，固定后尽量及时送往医院。

烧伤的处理方法

1. 迅速灭火，立即脱离火源：衣服着火时，不要奔跑和呼叫。及时脱掉着火的衣服或卧倒在地滚动。如果衣服与烧伤的皮肤粘在一起，切不可硬性撕拉，可用剪刀从未粘连部分剪开慢慢脱掉。

2. 镇痛：轻度烧伤者，可口服止痛片；重度烧伤者，需及时去医院注射止痛药剂。

3. 保护创面：对烧伤的创面一般不作特殊的处理。用清洁的布料包扎覆盖创面，防止损伤创面和再次污染。不要弄破水疱，局部忌涂药物或油膏，可口服抗生素。

4. 护送医院：烧伤严重者，应及时送医院治疗，但对呼吸和心跳停止者，要先就地进行心肺复苏急救，待呼吸和心跳恢复后，再送医院。

（三）森林火灾发生后

- 如身处远离家的避灾点，当接收到当地政府或有关部门发布正式火灾扑灭消息后，方可返家。
- 返家后，进一步勘察自家周围是否还有余火。待确认无火后，方可打开门窗、煤气阀等。

具体可参见第三篇。

参考文献

国家减灾委员会，中华人民共和国民政部，2009. 全民防灾应急手册［M］. 北京：科学出版社.

国家减灾委员会办公室，2010. 森林火灾紧急救援手册［M］. 北京：中国社会出版社.

孔照林，王亚云，贾燕，等，2013. 浙江森林火险气象等级精细化预报预警系统设计与实现［J］. 科技视界，（36）：55-56.

李仲秋，王明玉，赵凤君，2015. 近年来世界森林大火概述［J］. 森林防火，（1）：52–54.

罗书练，郑萍，2012. 突发灾害应急救援指南［M］. 北京：军事医学科学出版社.

美国国土安全部，2010. 你准备好了吗？——公民应急准备指南［M］. 尚红，杜晓霞，隋建波，等，译. 武汉：中国地质大学出版社.

杨国福，2009. 利用 MODIS 遥感技术监测浙江省森林火燃料湿度的时空动态［D］. 杭州：浙江林学院.

张思玉，2016.《国家森林火灾应急预案》解读［M］. 北京：中国林业出版社.

周勇宝，韩惠，2014. 基于遥感数据的森林火灾监测研究概述［J］. 测绘与空间地理信息，**37**（3）：134–136.

相关网站

中国森林防火网（http://www.slfh.gov.cn/slfhw/default.aspx）

中央气象台森林火险预报（http://www.nmc.cn/publish/environment/forestfire-doc.html）

浙江省气象台森林火险预报（http://zjmb.gov.cn/weather/wapdb/ForestFire/ForestFire.html）

“国家森林防火指挥部办公室”官方微博

“浙江天气”微信公众号（ZJTQ0571）

第三篇 灾后恢复

灾后恢复是一件任重道远的事。洪涝过后，肠道传染病和鼠疫、禽流感等自然疫源性疾病容易多发，我们需要特别关注家人的饮食健康；大旱之后，地表与浅部淡水极度匮乏，我们的饮用水可能出现短缺；大雪灾后，我们将面临交通阻塞、农作物冻害、人畜冻伤等问题……类似的问题还有很多。然而，从灾害创伤中恢复通常是一个循序渐进的过程，安全应摆在首要位置，同时身体、心理健康也非常重要。在情况允许时，尝试寻求可能的帮助可使恢复过程更快、更顺利。

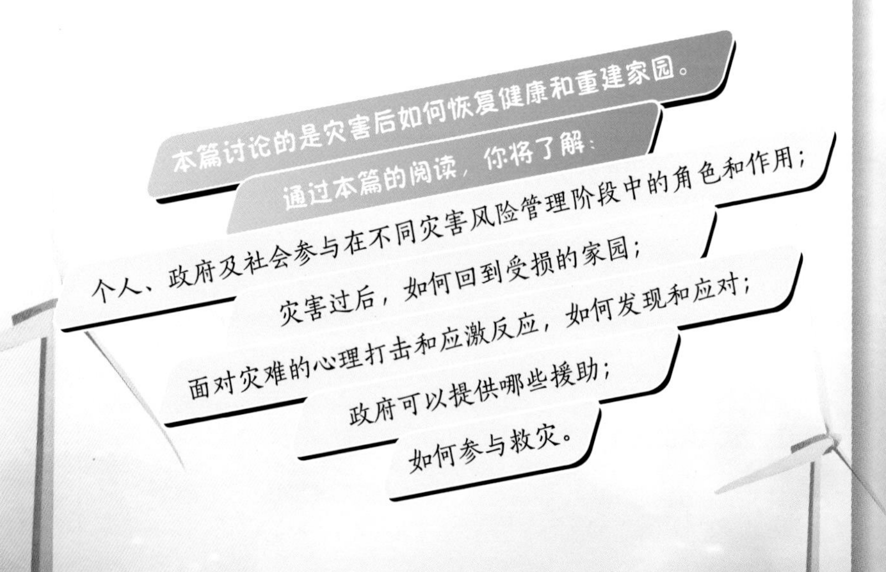

第十六章　勇于面对灾害

灾害过去了，生活还要继续，请深呼一口气，放松一下紧绷的神经，然后，勇敢地面对一切困难。灾害发生之后，不仅有家人、朋友，还有政府、社会、保险机构等组织团体会跟我们一起参与灾害救援及灾后重建。需要我们自身努力应对的是恢复自己和家人的身体健康、重建内心深处的安全堡垒，以及筹集资金来重建家园、恢复生产（表 16-1）。

表 16-1　不同角色在气象灾害风险管理过程中的作用

阶段＼机构	政府	社会	保险公司等机构	个人与家庭
救灾	抗灾抢险、紧急救援与转移、临时安置、保证灾民基本生活条件等	紧急救援、捐款捐物等	协助转移财产和救援、减少保险损失等	财产转移、生产自救等
恢复	灾情调查、制定规划、划拨资金、加固工程、监督管理等	捐款捐物、发放捐款物资、组织和声援等	勘灾定损、提供赔偿资金等	恢复健康、恢复生活、筹集资金、重建家园等
发展	发展经济、制定规划、制定法规、增强防灾能力等	宣传教育、培训、提高救援能力等	风险资本运营、加强风险管理、提高风险承受能力等	增强经济收入、提高防御能力等
防灾减灾	建设防灾工程、制定相关法律法规等	建设社会公益事业、加强救援组织机构建设等	定期检查、执行政策、协助与指导承保人的防灾设施建设等	建设基本的防灾设施等

续表

机构 阶段	政府	社会	保险公司等机构	个人与家庭
备灾	组织物力、技术、人力，预警，建设储备基地等	储备救援设施、物资和卫生药品等	加强风险防范意识、进行风险预警、储备救援资金与设备等	自救工具的储备、风险成本的投入等

一、重新返家

经历灾害的侵袭，房屋可能岌岌可危，水电气等设施可能隐患重重，你与家人也可能身心俱疲。在无法确保家园绝对安全的情况下，暂时住在避灾点是最好的选择。政府或有关部门为解决灾后应急住房需求，一般会组织学校、社区、公园、敬老院、红十字分会、志愿者机构等为不能回家的群众提供临时避灾安置场所（详见第四章）。

当你收到可以返家的确切消息后，可以尝试回家检查，此时返家需要特别谨慎小心。

1．需携带的物品

- 由电池供电的收音机，以便随时收听新闻报道和最新情况；
- 由电池供电的手电筒，用来检查家里的受损情况；
- 木棍等工具，用来试探废墟碎片，注意要警惕诸如毒蛇、老鼠、流浪猫或狗等动物侵袭；
- 手机等通信工具。

2．进入室内前

- 环顾房屋四周，检查安全隐患；

— 注意可能造成次生灾害的安全隐患，如：损坏的道路、建筑物、受污染的水、燃气泄漏、破碎的玻璃、损坏的电线、湿滑的地板等；

— 注意可能对健康有损害的安全隐患，如：化学品溢漏、电线倒塌、道路损坏、绝缘材料焖燃、动物尸体等。如发现异常应及时报告有关单位。

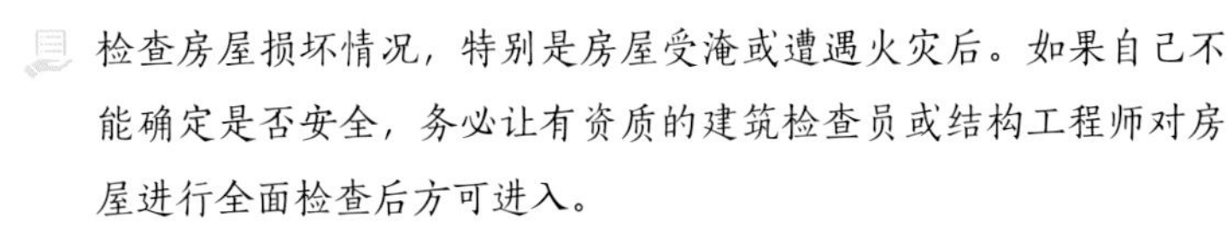

- 检查房屋损坏情况，特别是房屋受淹或遭遇火灾后。如果自己不能确定是否安全，务必让有资质的建筑检查员或结构工程师对房屋进行全面检查后方可进入。

如以上检查均无特殊情况，请关闭燃气管道主阀、打开手电筒，准备进入室内。

3．进入室内时

务必小心进入，并注意检查以下情况：

- 松动的木板和滑动的楼梯；
- 天然气，如果你闻到燃气气味或听到“嘶嘶”的漏气声，请打开窗户，并立即撤离，在确认燃气泄漏之前，不要在屋内吸烟或使用明火或电筒来照明；
- 火花和破损的电线，请首先断开主保险丝盒或断路器的供电，不要开灯，请电工对线路进行检查，如需自行检查，发现情况不安全，立即离开房屋并寻求帮助；
- 屋顶、地基和墙面裂缝，如果房屋看起来可能会倒塌，请立即离开；
- 电器，如果电器被打湿，请断开主保险丝盒或断路器的供电，然后，拔掉电器的电源并将其晾干，请专业人员对电器进行检查后方可再次使用，另外，在重新接通电源之前，请电工检查整个电路系统；
- 给排水系统，如果管道有破损，请关闭主阀门，由于水体可能受到污染，所以用水之前请先向当地有关部门确认水源的安全，而且，在确认下水道完好之前，请不要冲洗厕所；
- 食品等物品，如果食品等可能已被污染或与洪水有过接触，请及时扔掉；
- 打开柜子时需警惕可能发生物品掉落；
- 小心狗及其他临时避难的动物，如果遇到活的动物，打开窗户或为其提供其他逃跑路线，动物可能会自行离开，不要试图捕捉这些动物；如果动物待着不走，请拨打110或请求动物保护机构进行处理。

如果被狗咬伤怎么办？

万一被狗咬伤，应立即采取以下措施：

1）用自来水冲洗咬伤部位20分钟以上；

2）冲洗过后，伤口不要缝合，使其暴露，有条件请及时就医；

3）及时注射狂犬疫苗。

二、身体恢复

1．伤者救治

灾后对身边伤者的救治是比较迫切和重要的，准确及时的救助可能会挽救伤者生命、避免或减轻伤者后遗症的产生。简单的伤情照料如下：

- 检查伤情，不要尝试移动伤势严重的伤者，除非他们面临生命危险或可能受到更大的伤害。如果必须移动昏迷的伤者，务必固定其颈部和背部，然后寻求帮助；
- 如果伤者停止呼吸，请小心地将其摆放稳妥、疏通呼吸道并进行人工呼吸；
- 用毛毯为伤员保持体温，但要避免体温过高；
- 不要尝试给无意识的伤者喂食流质食物；

另外，灾后救援中常常需要一些急救知识，诸如止血、心肺复苏术（请见第二章）、搬运伤员等。

2．日常作息及卫生

- 避免疲劳，不要试图同时做太多事情。确定事情的主次，合理安排时间，以使身体得到充分的休息；
- 饮用足量、洁净的水；
- 保证健康饮食；
- 如在废墟中工作，请经常用肥皂和清水彻底洗手。

三、心理恢复

灾害给人们带来的心理创伤有时甚至比房屋损坏和财物损失带来的创伤更为严重。自然灾害或重大突发事件之后往往会出现如失眠、易怒、注意力不集中、容易受惊吓、心理麻木、梦魇、错觉等症状，这些症状短则几天或几周即可缓解，但也可能发展成长期心理疾病。请密切关注自己和家人的心理变化，必要时给予一定心理辅导和治疗。

1．关注自己

测一测

如果你具有以下对应状况，请在方框打勾。

□ 沟通困难	□ 没有方向感
□ 睡眠困难	□ 难以集中注意力
□ 难以正常生活	□ 不愿外出
□ 容易受挫	□ 忧郁，悲伤
□ 药物 / 酒精的用量增加	□ 时常感觉绝望
□ 头痛 / 胃痛	□ 情绪波动大，易哭
□ 视线模糊 / 听觉障碍	□ 无法抑制的内疚和自我怀疑
□ 感冒或流感样症状	□ 害怕人群、陌生人或独处
□ 工作表现不佳	□ 注意力有限

当你发现自己或其他成年家庭成员有上述症状的六种以上时，表明你们可能需要灾难创伤心理辅导。那么，如何缓解以上心理不适呢？可以尝试以下办法：

- 诉说排解，即使很困难，也应向他人说出你的感受，比如愤怒、悲伤或其他情绪；
- 寻求专业人员的帮助以缓解灾后应激反应；
- 不要认为自己应该为灾难负责，也不要因无法参与救援而感到沮丧；
- 通过健康的饮食、充分的休息、锻炼、放松和思考来促进身体和心理恢复；
- 保持有序的生活和工作习惯，不要强加给自己和家人过多要求；

- 多与家人和朋友相处；
- 参与各种纪念仪式；
- 补充灾害应急用品并完善你的家庭应灾自救计划，让自己为未来可能发生的灾难做好准备，这些积极的应对措施有助于缓解应激反应。

2. 关注孩子

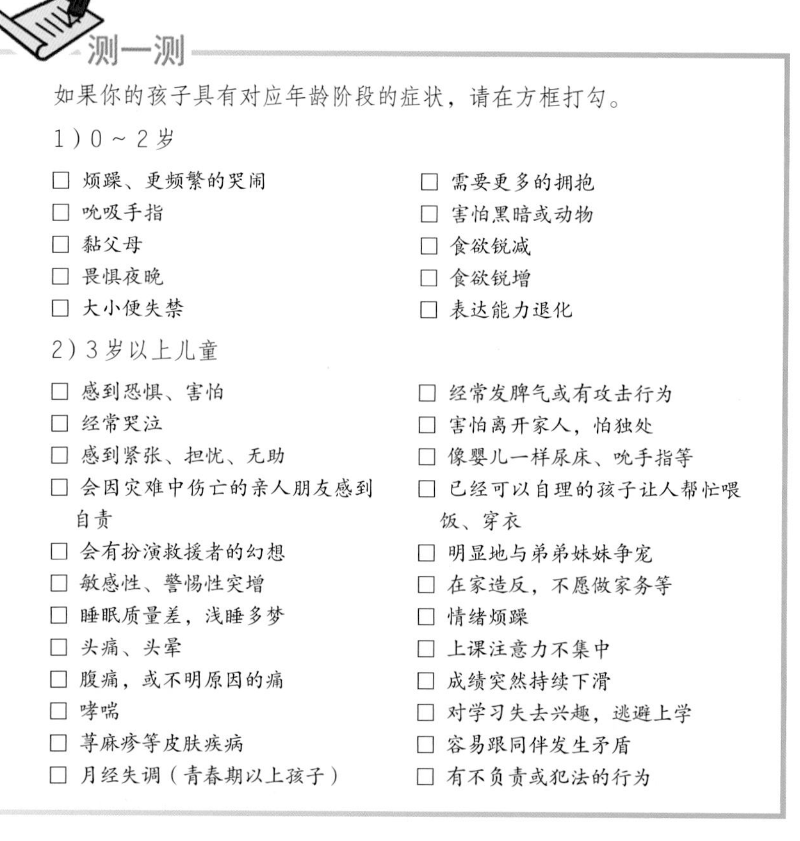

测一测

如果你的孩子具有对应年龄阶段的症状，请在方框打勾。

1）0～2岁

- □ 烦躁、更频繁的哭闹
- □ 吮吸手指
- □ 黏父母
- □ 畏惧夜晚
- □ 大小便失禁
- □ 需要更多的拥抱
- □ 害怕黑暗或动物
- □ 食欲锐减
- □ 食欲锐增
- □ 表达能力退化

2）3岁以上儿童

- □ 感到恐惧、害怕
- □ 经常哭泣
- □ 感到紧张、担忧、无助
- □ 会因灾难中伤亡的亲人朋友感到自责
- □ 会有扮演救援者的幻想
- □ 敏感性、警惕性突增
- □ 睡眠质量差，浅睡多梦
- □ 头痛、头晕
- □ 腹痛，或不明原因的痛
- □ 哮喘
- □ 荨麻疹等皮肤疾病
- □ 月经失调（青春期以上孩子）
- □ 经常发脾气或有攻击行为
- □ 害怕离开家人，怕独处
- □ 像婴儿一样尿床、吮手指等
- □ 已经可以自理的孩子让人帮忙喂饭、穿衣
- □ 明显地与弟弟妹妹争宠
- □ 在家造反，不愿做家务等
- □ 情绪烦躁
- □ 上课注意力不集中
- □ 成绩突然持续下滑
- □ 对学习失去兴趣，逃避上学
- □ 容易跟同伴发生矛盾
- □ 有不负责或犯法的行为

孩子们经历灾难后可能会有以上表现，如果2岁以下的婴儿有上述三种以上症状，3岁以上儿童有八种以上症状，你要进行心理抚慰，并考虑是否进行心理干预。安抚孩子应该针对孩子自身特点采取多样化的方式，主要注意以下几点：

- 去拥抱或抚摸孩子，因为身体接触会使人感到舒适；
- 与孩子谈话和相处时，尽量使自己表现得放松，因为孩子们的创伤反应会受到成年人情绪、行为和思想的影响；
- 拿出更多的时间陪伴你的孩子，如睡前时间；
- 通过玩具、故事等的引导，放松孩子的紧张情绪；
- 鼓励孩子表达出他们对事件的想法和感受，通过倾听孩子们的担忧，帮助纠正孩子们对危险和风险的误解，让孩子们知道灾难时产生焦虑和担忧的情绪是正常的；
- 尝试去了解引起焦虑和恐惧的原因，需要注意的是，灾难发生后，孩子们最害怕的可能是以下一些情况：灾难会再次发生、身边的人可能会受伤或死去、他们可能会独自一人或被迫与家人分开；
- 如果一个年幼的孩子询问有关灾难的任何问题，尽量简单地回答他们而不要像对大孩子或成人一样给出细节描述，如果一个孩子在表达情感时存在困难，可以让孩子画一幅画或者讲一个故事来描述事情；
- 冷静地为孩子讲述灾难发生时的真实情况，并让他们了解现有的应对计划和灾后恢复计划；
- 重新养成日常作息习惯，包括学习、玩耍、吃饭和休息；
- 让孩子参与到具体的家庭事务中，让孩子们感觉到他们正在帮助整个家庭从灾难创伤中恢复过来；
- 表扬和认可那些负责任的行为。

该怎么办

保护受灾孩子简单口诀

先医疗，救生命；保温暖，供饮食；
睡好觉，防丢失；防疫病，手勤洗；
找玩具，讲故事；莫惊慌，多解释；
鼓信心，要重视；指导下，看电视；
心烦躁，情绪低；找医生，健心理。

如果你已经尝试按照上面的步骤来营造一个轻松舒适的环境，但你的孩子仍然表现出较强的应激反应且仍在不断加剧，并在学校、家庭或社会生活中表现出行为障碍，那么此时应该请专业人员与孩子进行交流，或进行心理咨询和治疗。

3．关注老人

老年人在灾难中可能更容易产生强烈的情绪反应，所以和关注孩子一样，也要关注老人灾害过后的反应。

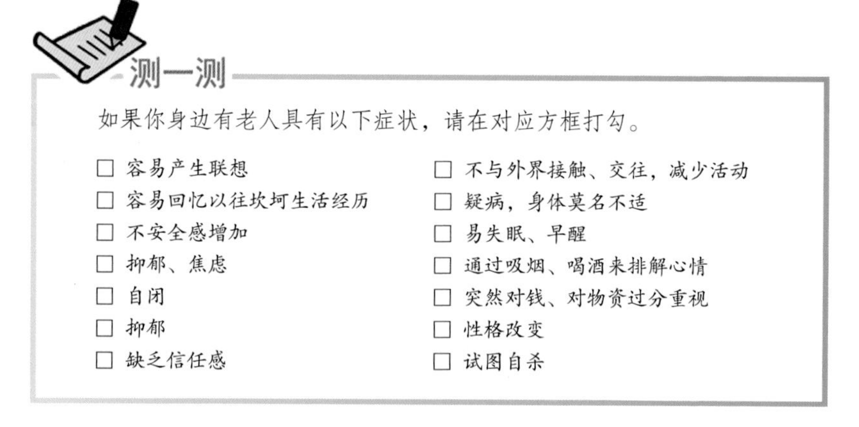

测一测

如果你身边有老人具有以下症状，请在对应方框打勾。

- □ 容易产生联想
- □ 容易回忆以往坎坷生活经历
- □ 不安全感增加
- □ 抑郁、焦虑
- □ 自闭
- □ 抑郁
- □ 缺乏信任感
- □ 不与外界接触、交往，减少活动
- □ 疑病，身体莫名不适
- □ 易失眠、早醒
- □ 通过吸烟、喝酒来排解心情
- □ 突然对钱、对物资过分重视
- □ 性格改变
- □ 试图自杀

经历了灾难，老年人有可能出现以上反应，如果出现上述五种以上症状时，应考虑是否进行心理干预。为缓解老年人的心理不适，你可以根据以下建议的方法，让老人了解掌握并尝试：

- 注意休息，灾难后应少安排些事务，一次处理一件事情；
- 调整生活节奏，尽量恢复日常的生活状态，规律运动、规律饮食（尤其是蔬菜、水果），规律作息，照顾好身体；加强必要和适当的体育锻炼，增强身体素质；
- 尽量避免、减少或调整压力源，少接触道听途说或刺激性强的信息；
- 做好灾难应急计划，准备好饮用水、食物、逃生路线等，多一点准备多一份安心；
- 不要孤立自己，要多和朋友、亲戚、邻居、同事或救助人员保持联系，和他们谈谈自身感受；
- 降低紧张度，多和有耐性的亲友谈话，或找心理专业人员协助；

- 学习放松技巧，如听音乐、打坐、练瑜伽、练太极拳或与他人聊天；
- 自我安慰，面对无法挽回的事情，承认现实，宽慰自己，积极地摆脱心理困境；
- 了解灾难后的心理反应，了解灾难给人带来的应激反应表现和灾难事件对自己的影响程度，理解自身感受都是正常的；
- 积极参与到重建家园的实际行动中，人的积极行动本身就具有愈合心理创伤的作用，在积极参与家园重建的过程中，会通过重建的外部效果恢复自信和对新生活的希望；
- 太紧张、担心或失眠时，可在医生建议下用抗焦虑剂或助眠药来协助，这只是暂时的使用；
- 如果个人的焦虑、紧张、恐惧长期难以消除，要积极到专业机构寻求心理咨询或治疗。

第十七章　政府援助

一、政府实施灾害援助的方式

灾害发生后，政府会为个人和家庭提供较为多元化的援助，包括生活安置、医疗救助、经济救助、社区服务和心理援助等。在我国，自然灾害生活救助实行分级负责、属地管理为主的原则。中央财政自然灾害生活补助资金主要用于灾害应急救助、因灾遇难人员家属抚慰金、过渡期生活救助、因灾倒损民房恢复重建、因灾临时生活困难救助以及冬春临时生活困难救助等六个方面；而地方党委政府承担自然灾害社会救助的主体责任。

专家解读

《浙江省自然灾害救助应急预案》相关救助内容

《浙江省自然灾害救助应急预案》（浙政办发〔2017〕18号）第六部分“灾后救助与恢复重建”中主要包括过渡期生活救助、冬春救助、倒损住房恢复重建三方面内容。其中，“倒损住房恢复重建”方面内容如下：

因灾倒损住房恢复重建要尊重群众意愿，以受灾户自建为主，由县（市、区）政府负责组织实施。建房资金等通过政府救助、住房保险理赔、社会互助、邻里帮工帮料、以工代赈、自行借贷、政策优惠等多种途径解决。重建规划和房屋设计要根据灾情因地制宜确定方案，科学安排项目选址，合理布局，避开地震断裂带、地质灾害隐患点、山洪灾害易发区、行洪通道等，提高抗灾设防能力，确保安全。

二、我们应该如何配合救助工作

1．积极配合灾害调查人员的相关工作，尽可能准确全面地进行灾情上报

目前，我国已逐步建立自下而上的灾情上报体系和自上而下的灾害调查评估体系。一方面，面向基层进行气象灾情上报的有来自民政部门的灾害信息员、气象部门的气象信息员；另一方面，对于影响较大、损失较重的灾害，国家有关部门会派驻专家组进行实地调查。积极参与灾情调查与上报，将有助于政府进行准确的损失评估和救灾物资发放。

气象灾害评估

气象灾害评估，主要涵盖灾害风险评估、灾害损失和影响评估以及灾害管理工作评估三大类，评估工作通常由民政部国家减灾中心及下属部门组织进行。其中，灾害损失和影响评估包括灾前损失预评估、灾中损失应急评估和灾后损失综合评估，与灾后援助联系比较密切是灾后损失综合评估，其评估结果将作为政府决策、灾害救助的依据。

灾后损失综合评估的内容，主要包括因直接破坏（如：人员伤亡、住宅倒损、基础设施瘫痪、厂房倒损）造成的直接经济损失，以及因间接影响（如：人员心理损伤、居民生活水平下降、物价上涨、灾区内工厂的停工停产、区域社会经济的发展减缓等）造成的间接经济损失。

2．密切关注救援信息

在整个灾后恢复期间，应该密切关注当地的广播、电视报道和其他媒体。这可以帮助你了解有关如何获得食物、急救物资、衣物和财政援助等信息。

3．树立正确的自救理念

树立“小灾靠自救、中灾靠互救、大灾靠国家”的理念很重要。

联合国在新世纪之初提出了“发展以社区为核心的减灾策略”，众多实践证明，强烈的自救意识、简单的救灾技术能够及时有效地减轻包括气象灾害在内的各种突发事件的影响。因此，灾后应充分发挥自己主观能动性，发挥近邻互助的优良传统，在等待和配合专业救援和政府救助的同时，积极进行灾害的自救和互救。

第十八章　保险理赔

一、承保气象灾害损失的保险产品

面向个人或家庭的保险产品主要分两类：

- 财产险产品：以实物为保险对象的；
- 人身险产品：以人为承保对象的。

农业保险是与气象灾害联系最为紧密的保险种类之一。目前，我国的财产保险中的农业保险产品已涵盖了大多数气象灾害（如：台风、暴雨洪涝、旱灾、低温冰冻、寒潮等）可能造成的影响。政府和保险公司也联合推出了政策性农业保险，鼓励农民有效保障自身权益，其中农业气象指数保险就是一种颇具特色的保险形式。

农业气象指数保险

农业气象指数保险，是帮助农民应对极端自然灾害的一种风险处理机制，是把直接影响农作物产量气候条件的损害程度指数化，每个指数都有对应的农作物产量和损益。气象指数保险有利于发挥被保农户主动防灾抗灾的积极性。目前，承保灾种、标的物类型都愈加多样，你是否考虑给自家农产品上一款合适的保险呢？保险产品的详细信息可通过“中国保险监督委员会网站”上“备案产品查询”栏目中获取。

除农业保险外，以往气象灾害往往作为不可抗力排除在承保范围之外。但随着保险业务范围的扩展，近年来，部分具有特殊用途的财产保险（如：车险等）、人身意外险，可能会承保部分气象灾害（如：台风、洪涝、冰雹、雷击、火灾）造成的伤害，因此，如果你所在地区受气象灾害影响较大，在投保时应特别注意相关险种和相关条款。

二、气象灾害损失理赔注意事项

如果你购置的保险中涉及“自然灾害”“气象灾害”或具体灾害名称等字样，那么灾害发生后，请注意以下事项：

- 灾害发生后第一时间拨打投保公司的联系电话，进行报损、核损；
- 气象灾害影响范围通常较大，往往会出现保险公司接到报损比较集中而核损不及时的情况，这种情况下你需要及时进行对标的物（如：农田、车辆、房屋等）受灾情况进行拍照留存，并对维修和清洁费用做好记录；
- 联系当地气象部门开具气象灾害证明，通常包括灾害发生地某些气象灾害（如：暴雨、洪涝、雷击、大风、冰雹、大雾等）发生时的观测记录（图 18–1）。

你知道吗

浙江省气象证明怎么开？

如果你有财产在浙江省内因气象灾害受损且承保，需要开具气象证明，可以通过网上填报申请的方式来获取气象证明，网上申请的入口有两个：

登录“浙江省气象局”网站→服务指南→气象证明；

登录“浙江省人民政府”网站→政务服务→环境气象→气象→气象证明。

浙江省气象证明

编号：（2015网）证〔4152〕 号

应申请人 [illegible]）申请 用于保险理赔 需要，出具气象证明如下：

2015 年 8 月 8 日 23 时 00 分至 8 月 8 日 00 时 00 分，根据（太湖源指南山）站得监测资料显示，出现了瞬间最大风速为 22.7m/s。

特此证明。

（气象证明专用章）

2015 年 12 月 26 日

注：1. 本证明由气象状况发生地气象主管机构根据所属气象台站监测数据免费提供，仅限于申请人本次申请特定需要使用，转作他用无效；

2. 气象状况具有局地性特点，因监测网点限制，本证明所提供的监测点数据仅作参考；

3. 本证明复印无效。

图 18-1 浙江省气象证明示例

第十九章　社会参与

一、如何援助他人

- 根据实际情况，给政府承认或指定的救灾组织、有关单位汇款、捐赠现金、应急物资。
- 除非有特别说明，在大规模灾害发生后，请不要将食品、衣物或其他任何物品直接捐赠给政府机构或救灾组织。通常情况下，这些机构或组织没有足够的人力和时间来对捐赠物品进行分类。
- 请捐赠某种或某类有特定需求的物品（如不易腐烂的食品），而不是各种类型混杂的物品。了解捐赠物资的去向、运输途径、装卸程序以及分配原则。如果事先没有充分细致的计划，大量急需的物资可能会被闲置。

二、如何参加志愿者组织

- 请通过电视、网络等多种渠道关注新闻，了解灾区最新信息，了解哪些地方急需志愿者。
- 请先主动自查，检查自己的身体健康状况和专业知识储备是否满足目前灾区志愿者条件。
- 切勿盲目前往灾区，以免扰乱当地援救工作。
- 如果当前灾区需要一定的志愿者，并且你具备一定的灾后救助救援技能，你可以准备前往灾区。出行前，请联系当地志愿者组织，了解当地风俗习惯，做好行程计划，带足饮用水、食物和应急用品。

参考文献

陈颙，史培军，2008. 自然灾害［M］. 北京：北京师范大学出版社：397-422.

东京政府，2011. 东京防灾［M］. 日本东京.

国家减灾委员会，中华人民共和国民政部，2009. 全民防灾应急手册［M］. 北京：科学出版社.

罗书练，郑萍，2012. 突发灾害应急救援指南［M］. 北京：军事医学科学出版社.

美国国土安全部，2010. 你准备好了吗？——公民应急准备指南［M］. 尚红，杜晓霞，隋建波，等，译. 武汉：中国地质大学出版社.

杨艳玲，战俊红，潘子彦，等，2013. 灾后心理恢复概论［M］. 北京：清华大学出版社.

浙江省气象服务中心，浙江省气象信息网络中心，2012. 气象灾害证明管理系统使用说明.

相关网站

《东京防灾》中文版（http://www.metro.tokyo.jp/CHINESE/GUIDE/BOSAI/index.htm）

《Are you ready》（https://www.fema.gov/media-library/assets/documents/7877）

"浙江省气象局"网站（http://www.zjmb.gov.cn/zjqx/）

"浙江省人民政府"网站（http://www.zj.gov.cn/）

附录1 浙江省气象灾害预警信号及防御指南

序号	信号名称	信号图标	信号含义	防御指南
1	台风预警信号	台风 蓝 TYPHOON	受热带气旋影响，将出现或实况已达以下条件之一并将持续，可能或已对防台安全造成一定影响：① 24 小时内，内陆平均风力达 6 级以上或阵风达 8 级以上，沿海平均风力达 7 级以上或阵风达 9 级以上；② 24 小时内，降雨量达 100 毫米以上；③ 12 小时内，降雨量达 50 毫米以上。	1. 政府及相关部门做好防台准备工作； 2. 相关水域水上作业和过往船舶采取积极的应对措施； 3. 固紧门窗、围板、棚架、户外广告牌、临时搭建物等易被风吹动的搭建物，妥善安置易受热带气旋影响的室外物品； 4. 检查城市、农田排水系统，做好排涝准备。
		台风 黄 TYPHOON	受热带气旋影响，将出现或实况已达以下条件之一并将持续，可能或已对防台安全造成较	1. 政府及相关部门做好防台应急准备工作； 2. 相关水域水上作业和过往船舶采取积极的应对措施，重点加

续表

序号	信号名称	信号图标	信号含义	防御指南
		台风 黄 TYPHOON	大影响：① 24 小时内，内陆平均风力达 8 级以上或阵风达 10 级以上，沿海平均风力达 9 级以上或阵风达 11 级以上；② 12 小时内，降雨量达 100 毫米以上；③ 6 小时内雨量达 50 毫米以上。	固港口设施，防止船舶走锚、搁浅和碰撞； 3. 处于危险地带的居民应到避风场所避风，高空、滩涂、水上等户外作业人员应停止作业，危险地带工作人员应及时撤离，露天集体活动应及时停止，并做好人员疏散工作； 4. 关紧门窗，加固或者拆除易被风吹动的搭建物，人员不随意外出，老人儿童留在家中等安全地方，危房内人员及时转移； 5. 检查城市、农田排水系统，采取必要的排涝措施。
1	台风预警信号	台风 橙 TYPHOON	受热带气旋影响，将出现或实况已达以下条件之一并将持续，可能或已对防台安全造成较严重影响：① 24 小时内，内陆平均风力达 9 级以上或阵风达 11 级以上，沿海平均风力达 10 级以上或阵风达 12 级以上；② 12 小时，内降雨量达 200 毫米以上；③ 6 小时内，降雨量达 100 毫米以上。	1. 政府及相关部门做好防台应急和抢险工作； 2. 必要时停止室内外大型集会、停课、停业（特殊行业除外）； 3. 相关水域水上作业和过往船舶应到安全区域避风，加固港口设施，防止船舶走锚、搁浅和碰撞； 4. 加固或者拆除易被风吹动的搭建物，人员尽可能待在防风安全的场所；当台风中心经过时风力会减小或者静止一段时间，然后强风将会突然吹袭，人员应当继续留在安全处避风，危房内人员及时转移； 5. 做好城市、农田的排涝，注意防范可能引发的山洪、滑坡、泥石流等灾害。
		台风 红 TYPHOON	受热带气旋影响，将出现或实况已达以下条件之一并将持续，可能或已对防台安全造成严重影响：① 12 小时内，	1. 政府及相关部门做好防台应急和抢险工作； 2. 停止大型活动，停课并做好学生安全防护工作，根据生产经营特点和防灾减灾需要，采取临

续表

序号	信号名称	信号图标	信号含义	防御指南
1	台风预警信号	台风 红 TYPHOON	内陆平均风力达10级以上或阵风达12级以上，沿海平均风力达12级以上或阵风达14级以上；②6小时内，降雨量达200毫米以上；③3小时内，降雨量达100毫米以上。	时停产、停工、停业等措施； 3. 回港避风的船舶要视情况采取积极措施，妥善安排人员留守或者转移到安全地带； 4. 加固或者拆除易被风吹动的搭建物，人员待在防风安全的场所；当台风中心经过时风力会减小或者静止一段时间，然后强风将会突然吹袭，人员应当继续留在安全处避风，危房内人员及时转移； 5. 做好山洪、滑坡、泥石流等灾害的防御和抢险工作。
2	暴雨预警信号	暴雨 蓝 RAIN STORM	12小时内降雨量将达50毫米以上，或已达50毫米以上，可能或已造成一定影响且降雨可能持续。	1. 政府及相关部门做好防暴雨准备工作； 2. 学校、幼儿园采取适当措施，保证学生和幼儿安全； 3. 驾驶人员应当注意道路积水和交通阻塞，确保安全； 4. 检查城市、农田、鱼塘排水系统，做好排涝准备。
		暴雨 黄 RAIN STORM	6小时内降雨量将达50毫米以上，或已达50毫米以上，可能或已造成较大影响且降雨可能持续。	1. 政府及相关部门做好防暴雨工作； 2. 公安交警部门应当根据路况采取相应交通管制措施，在严重积水路段实行交通引导或分流； 3. 切断低洼地带有危险的室外电源，暂停在空旷地方的户外作业，转移危险地带人员和危房居民到安全场所避雨； 4. 检查城市、农田、鱼塘排水系统，采取必要的排涝措施。
		暴雨 橙 RAIN STORM	3小时内降雨量将达50毫米以上，或已达50毫米以上，可能或已造	1. 政府及相关部门做好防暴雨应急工作； 2. 切断有危险的室外电源，暂

续表

序号	信号名称	信号图标	信号含义	防御指南
2	暴雨预警信号	暴雨 橙 RAIN STORM	成较严重影响且降雨可能持续。	停户外作业； 3. 处于危险地带的单位应当停课、停业，采取专门措施保护已到校学生、幼儿和其他上班人员的安全； 4. 做好城市、农田的排涝，注意防范可能引发的山洪、滑坡、泥石流等灾害。
		暴雨 红 RAIN STORM	3小时内降雨量将达100毫米以上，或已达100毫米以上，可能或已造成严重影响且降雨可能持续。	1. 政府及相关部门做好防暴雨应急和抢险工作； 2. 停止大型活动，停课并做好学生安全防护工作，根据生产经营特点和防灾减灾需要，采取临时停产、停工、停业等措施； 3. 做好山洪、滑坡、泥石流等灾害的防御和抢险工作。
3	暴雪预警信号	暴雪 蓝 SNOW STORM	受降雪影响，将出现或实况已达以下条件之一并将持续，可能或已对交通和农业、林业等造成一定影响：①12小时内，降雪量达4毫米以上；②12小时内，积雪深度增加1～3厘米。	1. 政府及相关部门做好防雪灾和防冻害准备工作； 2. 交通运输、铁路、电力、通信等部门和单位注意道路、铁路、线路维护； 3. 行人注意防寒防滑，驾驶人员小心驾驶，车辆应当采取防滑措施； 4. 农林区做好防雪灾和防冻害准备； 5. 加固棚架等易被雪压的临时搭建物。
		暴雪 黄 SNOW STORM	受降雪影响，将出现或实况已达以下条件之一并将持续，可能或已对交通和农业、林业等造成较大影响：①12小时内，降雪量达6毫米以上；②12小时内，	1. 政府及相关部门落实防雪灾和防冻害应急措施； 2. 交通运输、铁路、电力、通信等部门和单位加强道路、铁路、线路维护； 3. 行人注意防寒防滑，驾驶人员小心驾驶，车辆应当采取防滑

续表

序号	信号名称	信号图标	信号含义	防御指南
3	暴雪预警信号	暴雪 黄 SNOW STORM	积雪深度增加3～6厘米。	措施； 4. 农林区做好防雪灾和防冻害准备； 5. 加固棚架等易被雪压的临时搭建物。
		暴雪 橙 SNOW STORM	受降雪影响，将出现或实况已达以下条件之一并将持续，可能或已对交通和农业、林业等造成较严重影响：①6小时内，降雪量达10毫米以上；②6小时内，积雪深度增加6～10厘米。	1. 政府及相关部门做好防雪灾和防冻害的应急和抢险工作； 2. 交通运输、铁路、电力、通信等部门和单位加强道路、铁路、线路维护； 3. 尽量减少户外活动； 4. 农林区做好防雪灾和防冻害准备； 5. 加固棚架等易被雪压的临时搭建物。
		暴雪 红 SNOW STORM	受降雪影响，将出现或实况已达以下条件之一并将持续，可能或已对交通和农业、林业等造成严重影响：①6小时内，降雪量达15毫米以上；②6小时内，积雪深度增加10厘米以上。	1. 政府及相关部门做好防雪灾、防冻害的应急和抢险工作； 2. 停止大型活动，停课并做好学生安全防护工作，根据生产经营特点和防灾减灾需要，采取临时停产、停工、停业等措施； 3. 必要时飞机暂停起降，火车暂停运行，高速公路暂时封闭； 4. 做好农林区等救灾救济工作。
4	道路结冰预警信号	道路结冰 黄 ROAD ICING	受低温和降雨（雪）影响，将出现或实况已达下列条件之一并将持续，可能或已出现对交通等造成较大影响的道路结冰：①12小时内，路面温度将低于0℃，并伴有降雨（雪）天气；②路面已经有积水（雪），路面温度将持续6小时以上低于0℃。	1. 政府及相关部门做好道路结冰应对准备工作； 2. 驾驶人员应当注意路况，安全行驶； 3. 减少外出，注意防滑。

续表

序号	信号名称	信号图标	信号含义	防御指南
4	道路结冰预警信号	道路结冰 橙 ROAD ICING	受低温和降雨（雪）影响，将出现或实况已达下列条件之一并将持续，可能或已出现对交通等造成较严重影响的道路结冰：①6 小时内，路面温度将低于 0℃，并伴有降雨（雪）天气；②路面已经有积水（雪），路面温度将持续 12 小时以上低于 0℃。	1. 政府及相关部门要做好道路结冰应急工作； 2. 驾驶人员必须采取防滑措施，听从指挥，慢速行驶； 3. 减少外出，注意防滑。
		道路结冰 红 ROAD ICING	已经出现道路结冰，预计低温和降雨（雪）还将持续，道路结冰可能加重，可能对道路交通造成严重影响；或者已经出现严重影响交通的道路结冰，并将持续。	1. 政府及相关部门做好道路结冰应急和抢险工作； 2. 停止大型活动，停课并做好学生安全防护工作，根据生产经营特点和防灾减灾需要，采取临时停产、停工、停业等措施； 3. 公安等部门注意指挥和疏导行驶车辆，必要时关闭结冰道路交通； 4. 减少外出，注意防滑。
5	霾预警信号	霾 黄 HAZE	预计能见度持续 24 小时以上小于 3000 米，且 24 小时 $PM_{2.5}$ 平均浓度大于 250 微克 / 立方米，可能或已造成较大影响。	1. 政府及相关部门和单位按照职责做好防霾准备工作； 2. 驾驶人员小心驾驶； 3. 排污单位采取措施，控制污染工序生产，减少污染物排放； 4. 学校与幼儿园停止户外体育课； 5. 减少户外活动和室外作业时间，避免晨练；缩短开窗通风时间，尤其避免早、晚开窗通风；老人、儿童和患有呼吸系统疾病的易感人群应留在室内，停止户外运动； 6. 外出时最好戴口罩，尽量乘坐公共交通工具出行，减少非公共交通车辆上路行驶；

续表

序号	信号名称	信号图标	信号含义	防御指南
5	霾预警信号	霾 黄 HAZE		7. 外出归来，应清洗唇、鼻、面部及裸露的肌肤。
		霾 橙 HAZE	预计能见度持续24小时以上小于2000米，且24小时$PM_{2.5}$平均浓度大于350微克/立方米，可能或已造成较严重影响。	1. 政府及相关部门和单位按照职责做好防霾工作； 2. 驾驶人员小心驾驶； 3. 排污单位采取措施，控制污染工序生产，减少污染物排放； 4. 停止室外体育赛事；学校与幼儿园停止户外活动； 5. 避免户外活动，房屋应关闭门窗，等到预警解除后再开窗换气；老人、儿童和易感人群应留在室内； 6. 尽量减少空调等能源消耗，驾驶人员停车时及时熄火，减少车辆原地怠速行驶； 7. 外出时戴上口罩，尽量乘坐公共交通工具出行，减少非公共交通车辆上路行驶；外出归来，及时清洗唇、鼻、面部及裸露的肌肤。
		霾 红 HAZE	预计能见度持续24小时以上小于1000米，且24小时$PM_{2.5}$平均浓度大于425微克/立方米，可能或已造成严重影响。	1. 政府及相关部门和单位按照职责做好防霾应急工作； 2. 驾驶人员谨慎驾驶； 3. 机场、铁路、高速公路、轮渡码头等单位加强交通管理，保障安全； 4. 排污单位采取措施，控制污染工序生产，减少污染物排放； 5. 停止户外作业和大型活动，停课并做好学生安全防护工作； 6. 停止户外活动，房屋关闭门窗，等到预警解除后再开窗换气；老人、儿童和易感人群留在室内； 7. 尽量减少空调等能源消耗，

续表

序号	信号名称	信号图标	信号含义	防御指南
5	霾预警信号	霾 红 HAZE		驾驶人员减少机动车日间加油，停车时及时熄火，减少车辆原地怠速行驶； 8. 外出时戴上口罩，尽量乘坐公共交通工具出行，减少非公共交通车辆上路行驶；外出归来，立即清洗唇、鼻、面部及裸露的肌肤。
6	寒潮预警信号	℃ 寒潮 蓝 COLD WAVE	受寒潮影响，将出现或实况已达以下条件之一并将持续，可能或已对农业、渔业等造成一定影响：①48小时内，日平均气温下降10℃以上，且最低气温小于等于5℃；②48小时内，日最低气温下降10℃以上，且最低气温小于等于0℃。	1. 政府及相关部门做好防寒潮准备工作； 2. 居民要留意有关媒体报道大风降温的最新信息，注意添衣保暖； 3. 农业、渔业等生产应采取一定的防寒和防风措施； 4. 做好防风准备工作。
		℃ 寒潮 黄 COLD WAVE	受寒潮影响，将出现或实况已达以下条件之一并将持续，可能或已对农业、渔业等造成较大影响：①24小时内，日平均气温下降10℃以上，且最低气温小于等于5℃；②24小时内，日最低气温下降10℃以上，且最低气温小于等于0℃。	1. 政府及相关部门做好防寒潮工作； 2. 居民要留意有关媒体报道大风降温的最新信息，随时添衣保暖，照顾好老、弱、病、幼人群； 3. 做好畜禽的防寒防风工作，对易受低温冻害的农林作物采取相应防御措施； 4. 做好防风工作。
		℃ 寒潮 橙 COLD WAVE	受寒潮影响，将出现或实况已达以下条件之一并将持续，可能或已对农业、渔业等造成较严重影响：①24小时	1. 政府及相关部门做好防寒潮应急工作； 2. 加强人员（尤其是老、弱、病、幼人群）的防寒保暖； 3. 农业、渔业等生产要积极采

续表

序号	信号名称	信号图标	信号含义	防御指南
6	寒潮预警信号	寒潮 橙 COLD WAVE	内，日平均气温下降12℃以上，且最低气温小于等于0℃；②24小时内，日最低气温下降12℃以上，且最低气温小于等于−2℃。	取防寒措施； 4. 做好防风工作。
		寒潮 红 COLD WAVE	受寒潮影响，将出现或实况已达以下条件之一并将持续，可能或已对农业、渔业等造成严重影响：①24小时内，日平均气温下降14℃以上，且最低气温小于等于0℃；②24小时内，日最低气温下降14℃以上，且最低气温小于等于−2℃。	1. 政府及相关部门做好防寒潮的应急和抢险工作； 2. 加强人员（尤其是老、弱、病、幼人群）的防寒保暖； 3. 农业、渔业等生产要积极采取防寒措施； 4. 做好防风工作。
7	低温预警信号	低温 橙 COLD SPELL	24小时内，最低气温将降至−5℃以下，或最低气温已降至−5℃以下并将持续，可能或已对农业、林业、渔业等生产、居民生活等造成较严重影响。	1. 政府及相关部门按照职责做好防御低温准备工作； 2. 做好农作物、树木防冻害与畜禽防寒准备；农业等生产企业和农户注意温室内温度的调控，防止蔬菜和花卉等经济作物遭受冻害； 3. 燃煤取暖用户注意防范一氧化碳中毒； 4. 户外长时间作业人员应采取必要的防护措施； 5. 个人外出应注意加强防寒保暖措施。
		低温 红 COLD SPELL	24小时内，最低气温将降至−8℃以下，或最低气温已降至−8℃以下并将持续，可能或已对农业、林业、渔业等生产、居民生活等造成严重影响。	1. 政府及相关部门按照职责做好防御低温准备工作； 2. 做好农作物、树木防冻害与畜禽防寒准备；农业等生产企业和农户注意温室内温度的调控，防止蔬菜和花卉等经济作物遭受冻害；

续表

序号	信号名称	信号图标	信号含义	防御指南
7	低温预警信号			3. 燃煤取暖用户注意防范一氧化碳中毒； 4. 户外长时间作业人员应采取必要的防护措施； 5. 个人外出应注意加强防寒保暖措施。
8	大风预警信号		受大风影响，将出现或实况已达以下条件之一并将持续，可能或已造成较大影响： 内陆：24 小时内，平均风力达 6 级以上或阵风达 8 级以上。 沿海：24 小时内，平均风力达 7 级以上或阵风达 9 级以上。	1. 政府及相关部门做好防大风应急工作； 2. 停止高空等户外危险作业，人员尽量减少外出； 3. 相关水域水上作业和过往船舶应到安全区域避风，加固港口设施，防止船舶走锚、搁浅和碰撞； 4. 切断危险电源，妥善安置易受大风影响的室外物品； 5. 航空、航运、铁路、公路等单位应当采取安全保障措施。
			受大风（龙卷风）影响，将出现或实况已达以下条件之一并将持续，可能或已造成较严重影响：①受大风影响，12 小时内，内陆平均风力达 8 级以上或阵风达 10 级以上，沿海平均风力达 9 级以上或阵风达 11 级以上；②受龙卷风影响，1 小时内，可能出现最大风力达 13 级 –15 级。	1. 政府及相关部门做好防大风应急和抢险工作； 2. 停止高空等户外危险作业，人员应当停留在防风安全地方； 3. 回港避风船舶要视情况采取积极措施，妥善安排人员留守或者转移到安全地带； 4. 切断危险电源，妥善安置易受大风影响的室外物品； 5. 航空、航运、铁路、公路等单位应当采取安全保障措施。
			受大风（龙卷风）影响，将出现或实况已达以下条件之一并将持续，可能或已造成严重影响：①受大风影响，	1. 政府及相关部门做好防大风应急和抢险工作； 2. 停止户外作业，人员应到安全地方避风； 3. 回港避风船舶要采取防御措

续表

序号	信号名称	信号图标	信号含义	防御指南
8	大风预警信号	大风 红 GALE	6小时内，内陆平均风力达9级以上或阵风达11级以上，沿海平均风力达10级以上或阵风达12级以上；②受龙卷风影响，1小时内，可能出现最大风力达15级以上。	施，妥善安排人员转移到安全地带； 4．切断危险电源，妥善安置易受大风影响的室外物品； 5．航空、航运、铁路、公路等单位应当采取安全保障措施。
9	大雾预警信号	大雾 黄 HEAVY FOG	12小时内将出现能见度小于500米的雾，或已出现能见度在200～500米的雾并将持续，可能或已对交通等造成较大影响。	1．政府及相关部门做好防雾准备工作； 2．机场、铁路、高速公路、轮渡码头等单位加强交通管理，保障安全； 3．驾驶人员注意雾的变化，小心驾驶； 4．户外活动注意安全。
		大雾 橙 HEAVY FOG	6小时内将出现能见度小于200米的雾，或已出现能见度在50～200米的雾并将持续，可能或已对交通等造成较严重影响。	1．政府及相关部门做好防雾工作； 2．机场、铁路、高速公路、轮渡码头等单位加强调度指挥； 3．驾驶人员必须严格控制车、船的行进速度； 4．减少户外活动。
		大雾 红 HEAVY FOG	2小时内将出现能见度小于50米的雾，或已出现能见度小于50米的雾并将持续，可能或已对交通等造成严重影响。	1．政府及相关部门做好防雾应急工作； 2．相关部门适时采取交通安全管制措施； 3．驾驶人员根据环境条件采取合理出行或行驶方式，并尽快寻找安全停放区域停靠； 4．不要进行户外活动。
10	雷电预警信号	雷电 黄 LIGHTNING	受强对流天气影响，将出现或实况已达以下条件之一并将持续，可能或已造成较大影响：	1．政府及相关部门做好防雷击、大风、短时暴雨准备工作； 2．密切关注天气，尽量避免户外活动。

续表

序号	信号名称	信号图标	信号含义	防御指南
10	雷电预警信号	雷电 黄 LIGHTNING	①6小时内，将发生较强雷电活动；②6小时内，将发生雷电活动，并伴有8级以上阵风，或小时雨强大于等于20毫米的短时强降水。	
		雷电 橙 LIGHTNING	受强对流天气影响，将出现或实况已达以下条件之一并将持续，可能或已造成较严重影响：①2小时内，将发生强烈雷电活动；②2小时内，将发生较强雷电活动，并伴有10级以上阵风，或小时雨强大于等于40毫米的短时强降水。	1. 政府及相关部门落实防雷击、大风、短时暴雨应急措施； 2. 人员留在室内，并关好门窗； 3. 户外人员躲入有防雷设施的建筑物内； 4. 切断危险电源，不要在树下、电杆下、塔吊下避雨； 5. 在空旷场地不要打伞，不要使用手机，不要把金属杆物扛在肩上； 6. 公安交警部门应当根据路况采取相应交通管制措施，在严重积水路段实行交通引导或分流。
		雷电 红 LIGHTNING	受强对流天气影响，将出现或实况已达以下条件之一并将持续，可能或已造成严重影响：①2小时内，将发生强烈雷电活动，并伴有12级以上阵风；②2小时内，将发生强烈雷电活动，并伴有小时雨强大于等于60毫米的短时强降水。	1. 政府及相关部门做好防雷击、大风、短时暴雨应急和抢险工作； 2. 人员躲入有防雷设施的建筑物内，并关好门窗； 3. 不要在树下、电杆下、塔吊下避雨，切勿接触天线、水管、铁丝网、金属门窗、建筑物外墙，远离电线等带电设备和其他类似金属装置； 4. 不要使用无防雷装置或者防雷装置不完备的电视、电话等电器； 5. 在空旷场地不要打伞，不要使用手机，不要把金属杆物扛在肩上； 6. 注意防范短时强降水可能引发的山洪、滑坡、泥石流以及城市内涝等灾害。

续表

序号	信号名称	信号图标	信号含义	防御指南
11	霜冻预警信号	霜冻 蓝 FROST	3至4月和10至11月，48小时内最低气温将降至4℃以下，或者已经下降到4℃以下并将持续，可能或已对农业、林业等产生一定影响。	1. 政府及相关部门做好防霜冻准备工作； 2. 对茶叶、蔬菜、花卉、瓜果等作物采取一定防护措施。
		霜冻 黄 FROST	3至4月和10至11月，24小时内最低气温将降至2℃以下，或者已经下降到2℃以下并将持续，可能或已对农业、林业等产生较大影响。	1. 政府及相关部门做好防霜冻应急工作； 2. 对茶叶、蔬菜、花卉、瓜果等作物及时采取防冻害措施。
12	高温预警信号	高温 橙 HEAT WAVE	24小时内最高气温将升至38℃以上，或者最高气温已经升至38℃以上并将持续，可能或已对工农业生产及居民生活产生较严重影响。	1. 政府及相关部门落实防暑降温保障措施； 2. 尽量避免在高温时段进行户外活动，高温条件下作业的人员应当缩短连续工作时间； 3. 对老、弱、病、幼人群提供防暑降温指导，并采取必要的防护措施； 4. 注意防范电力设备负载过大而引发的事故。
		高温 红 HEAT WAVE	24小时内最高气温将升至40℃以上，或者最高气温已经升至40℃以上并将持续，可能或已对工农业生产及居民生活产生严重影响。	1. 政府及相关部门采取防暑降温应急措施； 2. 停止户外露天作业（特殊行业除外），减少户外活动； 3. 对老、弱、病、幼人群采取保护措施； 4. 特别防范高温引发的火险火灾事故。
13	干旱预警信号	干旱 黄 DROUGHT	预计未来一周综合气象干旱指数达到重旱（气象干旱为25 ~ 50年一遇），或者40%以上的农作物受旱。	1. 政府及相关部门做好防御干旱的应急工作； 2. 启用应急备用水源，调度辖区内一切可用水源，优先保障城乡居民生活用水和畜禽饮水；

续表

序号	信号名称	信号图标	信号含义	防御指南
13	干旱预警信号	干旱 DROUGHT		3．压减城镇供水指标，优先保障经济作物灌溉用水，限制大量农业灌溉用水； 4．限制非生产性高耗水及服务业用水，限制排放工业污水； 5．适时开展人工增雨作业。
		橙 干旱 DROUGHT	预计未来一周综合气象干旱指数达到特旱（气象干旱为 50 年以上一遇），或者 60% 以上的农作物受旱。	1．政府及相关部门做好防御干旱的应急和救灾工作； 2．采取应急供水措施，确保城乡居民生活和畜禽饮水； 3．限时或者限量供应城镇居民生活用水，缩小或者阶段性停止农业灌溉供水； 4．严禁非生产性高耗水及服务业用水，暂停排放工业污水； 5．适时加大人工增雨作业力度。
14	冰雹预警信号	橙 冰雹 HAIL	6 小时内，可能出现冰雹天气，并可能造成雹灾。	1．政府及相关部门做好防冰雹的应急工作； 2．户外行人立即到安全场所暂避； 3．转移畜禽进入有顶篷的场所，妥善安置、保护易受冰雹袭击的室外物品或设备； 4．注意防御冰雹天气伴随的雷电灾害。
		红 冰雹 HAIL	2 小时内，出现冰雹可能性极大，并可能造成重雹灾。	1．政府及相关部门做好防冰雹应急抢险工作； 2．户外行人立即到安全场所暂避； 3．转移畜禽进入有顶篷的场所，妥善安置、保护易受冰雹袭击的室外物品或设备； 4．注意防御冰雹天气伴随的雷电灾害。

附录2 应灾知识自测表

通过对本书的阅读，有没有加深你对影响浙江的主要气象灾害（次生灾害）的了解，提升你应对灾害的能力？下表的内容可以帮你回顾每章的关键内容，测一测你对应灾知识的掌握程度。

测一测

第一篇　基本应灾准备	
第一章 这些信息很重要	1．浙江是我国气象灾害最严重的省份之一，你知道影响浙江的气象灾害种类有哪几种吗？你所在乡镇（街道）可能遭受的气象灾害和灾害风险有哪些？ 2．在气象灾害发生或即将发生时，你可以通过哪些渠道获取气象预警信息？
第二章 制定家庭气象应灾自救计划	1．家庭联络卡里，必须具备的信息有哪些？ 2．如何辨别水质是否安全？ 3．如何进行人工呼吸和胸外心脏按压？
第三章 准备灾害应急用品	1．灾害应急用品需包含哪些种类？ 2．应急用品放置有什么要求？
第四章 避　灾	1．当灾害来临，你可以到哪里避灾？ 2．在避灾期间，如何合理分配和使用水？ 3．净化水的方法有哪些？
第五章 分阶段准备	1．应对灾害有哪三个阶段？ 2．灾前、灾中、灾后不同阶段的应对灾害的措施有哪些？

续表

第二篇　应对气象及其次生灾害	
第六章 暴雨洪涝	1. 当气象台发布暴雨橙色预警信号时，如果您正好在户外的旅游景点，该怎么避险？家中如果有老人孩子，该通知他们怎么防范呢？ 2. 你家的地势和周围比起来是高还是低？如果遇到大暴雨或者是洪水来了，你想过往哪里跑吗？想过要带上哪些随身物品吗？ 3. 开车时遇到暴雨导致前方路段“水漫金山”时，你该怎么办？
第七章 台　风	1. 台风来临前你该做好哪些准备？ 2. 台风影响时遇到哪些情况应及时撤离？ 3. 你知道台风能引发哪些灾害吗？
第八章 雷　电	1. 哪些地方特别容易遭受雷击？你知道为什么吗？ 2. 面对雷电，最重要的是知道哪些不能做，“防雷十个不”你都记住了吗？ 3. 除了人身防雷安全以外，各类建筑物（包括自建房）及其附属设施也需要做好雷电防护，你了解它们是如何避免遭受雷击的吗？
第九章 严寒雪冻	1. 你知道浙江有哪些路段容易结冰吗？严寒雪冻天气时请尽量避开这些路段吧。 2. 在道路发生严重冰冻的冬季，必须要驾车出门的话，你会采取那些准备措施？ 3. 低温严寒天气时，采取哪些措施可以让你家的水管、水表不被冻坏？
第十章 高温热浪	1. 在气象学上，什么是高温？什么是酷暑？什么是高温热浪？ 2. 高温天气时，如果必须要在午后出门，你可以采取哪些防护措施？ 3. 炎热的夏季，如果身边有人因为高温突然在马路上昏厥，你应该怎么办？
第十一章 气象干旱	1. 浙江发生干旱风险较高的地区主要分布在哪里？ 2. 如何节约用水？世界水日是哪一天？
第十二章 雾和霾	1. 导致霾天气出现的气溶胶粒子一部分来自大自然，例如森林火灾、沙尘天气、火山爆发、作物花粉、海浪抛起的盐粒子等，还有一部分源自人类活动，你了解的有哪些？ 2. 秋冬季节是雾、霾天气的多发期，已有一些城市下令春节禁止或限制燃放烟花爆竹，对此你有什么看法？

续表

第十三章 风　雹	1．站到背风处，双臂交叉护住头部和脸部，腿前屈并下蹲，手背部向上，尽量减少身体的裸露部位。你知道这是躲避哪种风雹灾害的正确姿势吗？ 2．据一种民间说法，冰雹可以“解毒祛火，治牙疼、嗓子疼”，你相信这种说法吗？你觉得冰雹可以食用吗？
第十四章 地质灾害	1．如果需要在野外扎营，你会选择在谷底泄洪的通道、河道弯曲和汇合处这些地方吗？为什么？ 2．如果你的同伴出现呼吸微弱或者呼吸停止，应该立即做口对口式吹气和胸外心脏按压，这些你会了吗？ 3．受“建房就要依山傍水”这种观念的影响，很多山地农民将山坡劈直盖房，每逢强降雨来临，群死群伤的现象时有发生。你是如何看待这种说法的？
第十五章 森林火灾	1．请结合自己家庭附近环境，谈谈森林火灾发生前应做的准备和发生时的应对措施。 2．如果被烧伤，通常会发生什么不适？你知道怎么处理应对吗？
第三篇　灾后恢复	
第十六章 勇于面对灾害	1．个人或家庭在灾后恢复期间应当主要承担的任务呢？ 2．灾害发生后重新返家时，通常需要携带以下哪些物品？ 3．灾害过后，如何正确回答一个年幼的孩子有关灾难的问题的询问呢？ 4．灾害过后，成人、儿童、老人的灾害心理创伤都有哪些表现？如何应对？
第十七章 政府援助	1．灾害发生后，政府会为个人和家庭提供哪些援助？ 2．自然灾害损失和影响评估主要包括哪几方面？
第十八章 保险理赔	1．你知道身边的气象指数保险有哪些吗？ 2．你知道“浙江省气象证明”开具的方式有哪些吗？ 3．气象灾害保险理赔一般需要什么步骤呢？
第十九章 社会参与	1．灾后往灾区捐款捐物时应注意哪些方面？ 2．参加灾害救助志愿者组织应当注意什么？